全国中学高校Webコンテスト認定教科書

超初心者のための

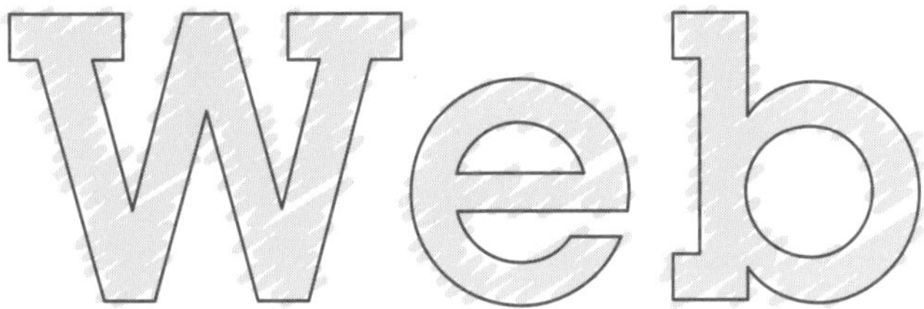

特別講座

Special Web Creation Course
for Super Beginners

永野和男（聖心女子大学名誉教授）編著
学校インターネット教育推進協会　著

日本能率協会マネジメントセンター

はじめに　指導にあたるコーチ・リーダーの方へ

1 本書の特徴

これからの時代に必要な能力として、情報活用能力の育成が強調されるようになってきました。平成29年・30年改訂の新しい学習指導要領では「プログラミング教育」を一つの柱として、小学校からすべての子どもたちに実施することを求めています。「プログラミング教育」では、若いうちにプログラミングを経験することを求めていますが、これは将来情報技術者になることを目指させるためではありません。

おそらくは、今の子どもたちが大人になるころには、今身につけた技術の多くはAIなどの発展によって人間の仕事ではなくなり、コンピュータはますますブラックボックスになっていくことでしょう。したがって、これからの社会では、あふれ返る情報に振り回されず正確な情報にアクセスできるようになるとともに、情報技術を自らの活動と関らせながら活用できる実践力や的確な判断力が必要となるのです。これらのためには、コンピュータをブラックボックスとみるのではなく、そもそもコンピュータを動かして何かをさせるということはどういうことかを自ら体験し、原理や特長、欠点を知っておく必要があります。プログラミング教育の必要性は、体験して知ることと関係があります。

コンピュータがどのように動作するのかを具体的に体験するには、座学ではなく、実際にコンピュータに何かをさせる、すなわち「プログラミングしてみる」ことが最も近道です。それを通して、コンピュータは命令の一つひとつを順番に実行する（順次処理）機械であること、同じ処理を繰り返すこと（繰り返し、モジュール化）は簡単であること、条件や環境の変化によって流れを変えること（条件分岐）で複雑な仕事に対応していることなど、基本的な原理を理解することができます。

しかし、ここに立ちはだかるのがプログラミング言語の細かな文法規則と複雑な開発環境です。文法規則や開発環境はあくまでもある程度の知識と技術をもった大人のために作られていて、初心者が試行錯誤しながら自分のアイデアやねらいを実現できるほど柔軟ではありません。よくない学習環境で生徒に課題をさせると、かえってコンピュータ嫌いや拒否反応を増長させてしまう危険があります。また、そもそもプログラミングで重要な変数は代数の考えに相当し、低学年の生徒には本質的な理解を深めるのは困難な概念なのです。

最近は、Scratch（スクラッチ）など子ども向けのプログラミング環境も普及してきて、簡単な制御を可視化したり、ストーリー性のある動画を作成したりするというプログラミング経験もできるようになり、状況は改善されてきました。しかし、このようなソフトを利用する場合でも、何よりも大切なのは、生徒自身が自分で計画し、実施しながら試行錯誤の時間を経て、完成に至るプロセスを主体的に体験することなのです。

2 プログラミング教育への登竜門として

本書の演習では、一人でWeb（ウェッブ）ページ1ページを、グループでまとまったWebページを、HTML（ハイパー・テキスト・マークアップ言語）とCSS（カスケーディング・スタイル・シート）という記述様式で作成していきます。正確には、HTMLやCSSは、あくまでもマークアップ用の言語であって、先の繰り返しやモジュール化、条件分岐などの概念につながるものはなく、「これがプログラミング教育である」と言い切ることはできません。しかし、体験型という点では、本書の学習はプログラミング教育のねらいに沿ったものであると言えます。

演習を通じて、実際に自分自身がデザインを設計し、自分の力でコンピュータにわかる論理的な言語で記述して、動作を実施し、結果を見直して何回も試行錯誤するというプログラミング教育の重要な目標の一つは達成できます。何よりも、実際にWebを完成するまでに、コンピュータにテキストを入力したり修正したりする、図や写真を編集するなどの作業を何度も経験することになり、気がつかないうちにファイル操作の基本が身につきます。したがって、本書の演習は、その後のプログラミング教育に至る「登竜門」として位置づけることができるのではないかと思います。

3 チームで学ぶことの重要性

もう一つ、本書には重要な特徴があります。それは、演習を個人だけでなく、チームで行うことを前提としていることです。一人ひとりが自身でWebページを作成する課題（約2時間）を終了したら、3〜5名でチームを作ってメンバーでまとまったWebページを作成します。チームでテーマを決めたら（ここに一番時間がかかります）、それぞれ最低でも1ページを担当し、お互いの作品を評価し合いながら、チームで統一感のある1つの作品に仕上げていきます（約6時間）。まとまったWebページを作る課題では、興味関心に応じて内容を分担して、調べて作業することになります。

実社会のWebページ作成では、文章の構成と吟味、イラストの作成やレイアウトのデザインなど、たくさんの作業が必要であり、一人ですべてのことを完成させるのは困難です。チームの中には文章で表現するのが得意な人も、写真やイラストが得意な人もいるでしょう。それぞれのチームのメンバーがそれぞれの得意技を出し合って、協力しながら1つのものを完成させていくプロセスこそ、新しい時代に求められる仕事の基本的なスタイルです。

指導者からすべての学習内容を教えてもらうのではなく、自ら学びながら、メンバーが相互に教え合いながら学習を進めていく学習スタイルは、協調学習と呼ばれています。自学自習と協調学習を組み合わせた学習スタイルで進めていけるように構成されていることも、本書の大きな特徴の一つなのです。

4 「チーム学習のためのHTMLエディタ」の特徴

Web作成の実施において、初期の段階でつまずくのが、HTML記述の基本的なキーワードや構造の入力の誤りです。コンピュータが解釈できないためWeb表示できなくなり、途中で作業を断念するというケースです。文章や写真の内容を誤っただけであればWeb表示で気がつきますが、キーワードや構造の記述を間違った場合は、Webページがまったく表示されず、どこをどう直せばいいのかわからなくなります。

そこで、本書の演習のために、「チーム学習のためのHTMLエディタ」(以後「HTMLエディタ」と呼びます)を開発しました。初心者ができるだけ初期の段階でつまずきをせず、Webページを思いどおりに仕上げられるように、必要最小限の機能を選んでサポートしています。

具体的には、Webページの要素を本の章や節にたとえ、Web作成のプロが利用しているタグのうち初心者でも理解できるタグを精選してHTMLのテンプレートを用意しました。そして、テンプレートの構造を変更せずに自由にレイアウトでき、すぐに確認できるように工夫しました。また、チーム学習に進んだ場合には、参加者同士で連絡し合うためのメッセージボードや、レイアウトをページ間で統一する場合の情報交換のサポート機能などがあります。特に配慮したのは、一人ひとりが最後まで責任をもって役割を果たせるよう(できるメンバーが代行してしまわないよう)うまく管理している点です。また、メンバーが同じ場所に集まれなくても、「HTMLエディタ」でコミュニケーションを取りながら1つのWeb作品を完成させられるよう工夫されている点も特徴です。

「HTMLエディタ」は、他の汎用のWeb開発ツールと異なり、自動でデザインをHTMLに書き換える機能はありません。テンプレートは準備されているものの、あくまでもHTMLを意識的に入力するようになっています。つまり、結局はHTMLの記法を学ぶという、本書の学習に特化したものになっています。なお、「HTMLエディタ」が特殊なことをするわけではないため、テンプレートだけを入手して、Windowsのメモ帳などの一般的なテキストエディタで演習を進めていくことも可能です。現在、「HTMLエディタ」は、セキュリティと著作権の関係で利用登録しなければ使用できないようになっています。しかし、「HTMLエディタ」を利用しなければ演習できないわけではないことも知っておいてください。ただし、一般的なテキストエディタを利用する場合の演習では、始めでつまずかないよう、指導者が助言したり、サポートしたりする必要があります。特に、ファイルの保存、Web表示の結果の確認、ファイルの一部の共有など、「HTMLエディタ」ではボタン1つの操作でできるところを、いくつかのツールを使いこなして進める必要が出てきます。一方、「HTMLエディタ」を利用した場合の演習では、指導者はWeb作成に関してのサポートや助言は一切不要であり、チーム活動に入ったときに、作品のテーマや調べ方、進行状況などで相談に乗る程度のサポートをします。

基本的には、本書は、自学自習と協調学習をすることが前提になっており、指導者は、温かく見守り、探究学習の方向性やまとめ方に対し、先輩として助言を与えるという役割を担うことになるわけです。

5 本書の演習の進め方

本書の目標は、必要最小限の知識で実用的なWebページを作成できるようにするとともに、自分の力でそれを改善していける技術を身につけることです。そのため、第1章と第3章は演習中心、第2章と第4章は演習で扱われた知識のまとめや発展という形で構成されています。

特に、第1章は、まったくの初心者で知識がなくても、実際にパソコンに向かって手を動かしながら実践していくと、Webページ作成の基本知識が見えてきて、さらに深く学べるように工夫されています。具体的には、テンプレート（HTMLの見本）を、少しずつ修正・表示確認しながら、HTMLの記述や変更の方法を学ぶというスタイルで、学習を進めることになります。第1章の終わりに「演習」がありますので、時間をかけて必ず実践してください。Webページを1ページ分思うように仕上げることができたら、目標の半分は満たされたことになります。

第3章からは、チームで1つの作品を作成するという課題になります。複数ページで構成されるWeb作品は、パンフレットや本を作るような作業であり、全体の構成・文章入力・レイアウトやデザイン・イラストの作成と挿入など、さまざまな作業が必要になります。1人の知識だけではなく、メンバーの経験や特技などが活かせる作業です。ぜひチームを作って、コミュニケーションをとりながら作品を仕上げてください。本書では、その手順や利用できるツールなどについて詳しく解説しています。作品のテーマはチームで相談して決め、手順に沿って進めていってください。最後まであきらめず、妥協せずに作品を仕上げると、HTMLの知識が広がるだけでなく、チームのメンバーと協力しながら1つのものを仕上げていくという、新しい社会で求められる能力が身につきます。

HTMLは、最低限、はじめに`<html><body>`、最後に`</body></html>`と記述し、ファイル名の拡張子を`.html`としたテキストファイルを作成すれば、パソコンでファイルをダブルクリックするだけで、すぐに表示確認できる扱いやすい言語です。一方、HTMLのすべてを完全に理解している人は少ないというほど、奥深いものでもあります。また、年々、新しい機能や便利な記述方法が追加されてもきていますので、これで完全に理解できたというものではありません。最新情報や新しい記述方法は、まず、Webに公開されており、専門家であっても、常にWeb検索して仕様を確認しているのが現状です。本書では、実際に利用されている最新の情報を扱っているとともに、出版の時点での参考資料を巻末にURLでまとめておきました。作業をしながら必要に応じて閲覧してください。しかし、これだけではなく、演習中、何か詳しい情報が知りたくなったら、検索して書き方や利用方法を調べ、`.html`のファイルを作成して試みるようにしてください。

本書を利用して、生徒が新しいタイプの学習を体験し、あわせてWebで表現できる基礎技術を身につけることを期待します。

永野　和男

CONTENTS

第 2 章 あると便利な知識

第 3 章 チームで分担・協力して 1 つの作品を作ろう

第 4 章　あると便利な知識 2

基礎講座

»基礎講座　Webページの基礎知識

1　Webページとは

インターネットの利用でもっとも普及しているシステムがWWW（※1）です。HTML（※2）という記述様式（CSSを含みます）でファイルを作成し、インターネットに接続されているサーバ（WWWサーバ）にデータファイルの形で格納させておくだけで、世界中のコンピュータからアクセスして内容を閲覧できます。

この内容のことをWeb（ウエッブ）ページあるいはホームページ（※3）と呼び、HTMLで作成されている1つのテキストファイルを意味します。

2　URLの意味

Webページの情報は、世界中のあちらこちらのWWWサーバにデータファイルの形で格納されています。この情報の住所となるものがURL（※4）です。URLは、情報を取り出すための通信方式（通信プロトコル（※5））、情報を格納しているコンピュータの名前や所在（ドメイン名）、コンピュータ内の情報の位置を示すフォルダ（ディレクトリ）とファイル名で記述されます。

たとえば、

http://www.mext.go.jp/news/index.html（① http、② mext.go.jp、③ news、④ index.html）では、①「http」が通信プロトコル、②「mext.go.jp」がドメイン名、③「news」がディレクトリ名、④「index.html」がファイル名というわけです。Webの通信プロトコルは、httpが使われますが、近年は、暗号化の技術を取り入れたhttpsというプロトコルが利用されることが一般的になってきました。

先に述べたとおり、URLの最後に記述されているのがWebページのファイル名で、その前がファイルの保存場所のフォルダ名（ディレクトリ名）になり、「/（スラッシュ）」で区切って階層化されています。ただし、実際に使われているURLを目にすると、ほとんどはファイル名がなく末尾がスラッシュで終わっています。これは、ファイル名が省略されているだけで、あらかじめ設定された既定ファイルを引用するようになっています。index.html、default.

（※1）WWW（world wide web；ワールド・ワイド・ウエッブ）：世界中に張り巡らされたクモの巣という意味になる。

（※2）HTML（Hyper Text Markup Language；ハイパー・テキスト・マークアップ言語）

（※3）ホームページ：本来は、作成したWebページ群の最初に表示されるページのことを指した用語だったが、Webページ全般をホームページとも呼ぶようになった。

（※4）URL（Uniform Resource Locator；ユー・アール・エル）：特定のWebページの所在と通信方式を示す情報。

（※5）プロトコル（protocol）：情報のやり取りのための通信手順のこと。インターネットでは、IP（インターネット・プロトコル）、http（Webページのプロトコル）、smtp（電子メールのプロトコル）などがよく使われる。

html、default.asp、index.phpなどがよく使われます。つまり、URLの実態は、世界のどこかにあるWWWサーバの名前とそのサーバに保存されているWebページ（1ページ）、すなわちホームページのフォルダとファイル名を示しているだけなのです。

3 Webページの記述（HTML）

2 で述べたように、URLは、WWWサーバに置かれたデータファイル群の最初に表示するWebページのファイル名（ほとんどの場合HTMLファイル）を示すものです。ファイルの中身は、Webページのデザインと内容を示したテキストファイルとなっています。

詳しくは、これから学習していくことになりますが、たとえば、簡単なWebページの一部をHTMLで記述すると、図1 左のようになります。ここでは、ページの章の表題や節にあたる文字のほか、利用している写真のファイル名などをどのように配置するかが示されています。これが端末に送られることにより、図1 右のような画面が構成され表示されることになるのです。

図1 HTMLファイルの例

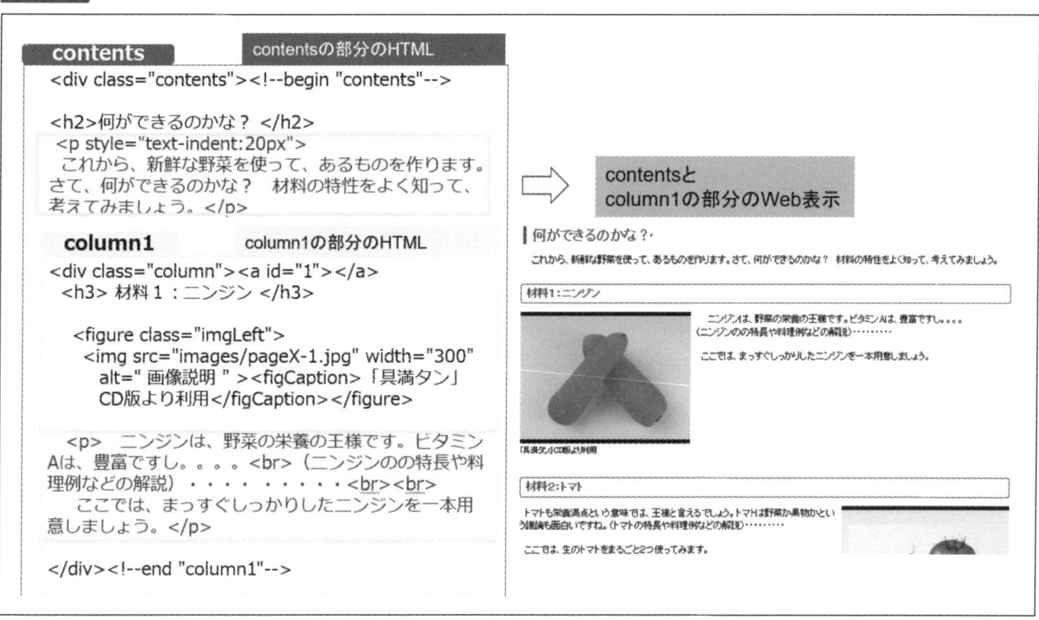

4 情報の関連づけ（ハイパーリンク）

Webページの特徴は、ページの中に別のURLを記述しておき、画面上でボタンを押すと、すぐに別のWebページに転送するような仕掛けを作れることです。この別のページは同じサーバにあっても、別のサーバにあっても転送されます。このようなクモの巣のように張られた関連づけの道筋をリンク（ハイパーリンク）と呼んでいます（図2）。Web（クモの巣）という用語もこのことから名づけられました。

図2 ハイパーリンクのイメージ

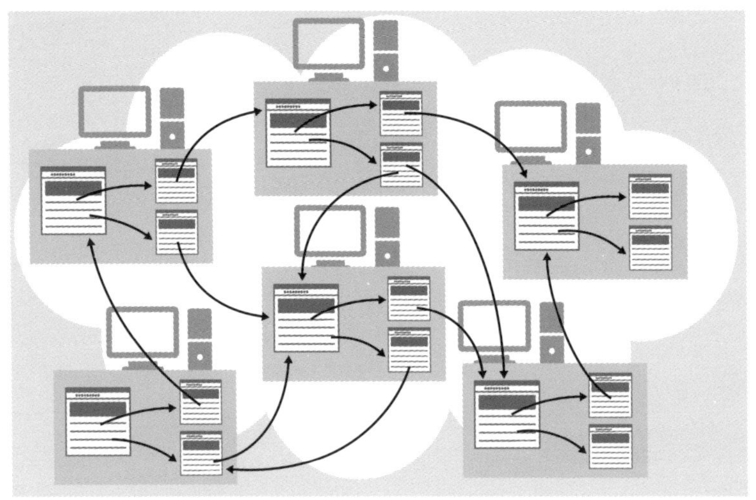

そして、ハイパーリンクになっている相互あるいは一方向に参照できる文書をハイパーテキストと呼んでいます。つまり、HTML（Hyper Text Markup Language）とは、ハイパーテキストを記述する言語という意味なのです。

ハイパーリンクの機能を使えば、さまざまな情報をネットワーク上で関連づけることができ、ボタンを押すだけで、世界中のコンピュータに蓄積されている情報を簡単に探し回ることができるのです。

5 Webページの発展

昔は、インターネットに接続できたのは、コンピュータや専用端末と呼ばれるものだけでした。しかし今や、スマートフォンなどの携帯型の情報端末からも、ゲーム機、家電製品などからもインターネットに接続でき、日常のあらゆる場面で利用されるようになってきました。Webを利用したサービスも、ネットショッピング、ニュース配信、Webメール、ブログ、動画投稿、映像配信、SNS（ソーシャル・ネットワーキング・サービス）などさまざまな形に発展していますが、ほとんどのものが、HTMLとCSSで記述され動作しています。

HTMLとCSSは、インターネットへ情報を発信する基本的な技術です。HTMLとCSSは規格が数年ごとに見直され、時代とともに発展してきています。世界中から利用できるようになった理由の一つが、目的が何であっても、同じ仕様の言語でWebページが作成でき、世界中のどの端末からも呼び出せ、表示できるようになっているからです。

6 ブラウザの役割

Webページの表示の部分をつかさどっているソフトが、ブラウザ（※6）です。現在よく使われるブラウザとして、グーグル・クローム（Google Chrome）、マイクロソフト・エッジ（Microsoft Edge）、サファリ（Safari）などがあります。ブラウザそれぞれに特徴がありますが、HTMLとCSSに関しては表示の仕様が共通化されており、基本的には同じ画面が表示されるようになっています（ただし、特殊な記述を使ったり、記述が誤っていたりした場合、画面のデザインが崩れることもあります）。

インターネットを介してWebページがブラウザで組み立てられる仕組みは、図3のとおりです。

(※6) ブラウザ (browser)：Browse（ブラウズ）とは、「拾い読みをする」「ぶらぶらと品物を見て歩く」という意味の英語。そこから、インターネット上のWebページを見て回ることをブラウジング、ブラウジングのために使うプログラム（閲覧ソフト）をブラウザと呼ぶようになった。

図3 ブラウザの役割

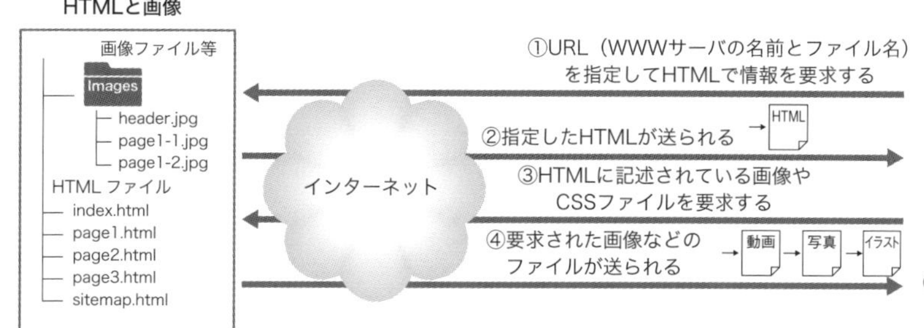

⑤ブラウザがすべての情報を使って
画面を構成し表示する

①インターネット上の情報のWebページの所在を、URLで指定する。ブラ

ウザに、情報の所在と転送のプロトコルをURLで指示すると、DNS(※7)でIPアドレスに変換されながら、インターネットを介して指定されたWWWサーバまで送られる。
②URLが正しく記述されていた場合は、画面の構成方法を記述しているHTML形式のテキストデータが送り返される。
③ブラウザは、上記②の情報を組み立てて、画面を再構成する。このとき、CSSなどがHTMLの中に記述されていなかった場合は、そのファイルを取りに行く。
④構成内容に画像が使われていた場合は、その所在場所に取りに行く。
⑤HTMLやCSSでレイアウトされている画面位置に表示する。

このように説明すると、1つのWebページの表示に非常に時間がかかるように思えますが、コンピュータの処理速度や通信の制御は、1秒間に1億回を超えるスピードのため、人間にとっては一瞬です。また、ハイパーリンクされた別のページへも、リンクボタンが押されるたびに、そのURLのHTMLファイルを同じメカニズムで取りに行き表示します。

つまり、URLへの問い合わせやWebページの切り替えも人間にとっては一瞬に行われること、また、一度アクセスしたURL情報は、一定の期間、受信側のコンピュータが覚えていて（キャッシュなどと呼ばれます）毎回問い合わせる必要がない場合もあることなどから、あらゆるページがハイパーリンクとして常時つながっているように見えるのです。

(※7) DNS (Domain Name System；ディ・エヌ・エス)
：ドメイン名と、IPアドレスとの対応づけを管理するために使用されているシステム。

第1章

自分のWebページを作成してみよう

CHAPTER 1

» 個人学習をスタートする前に

本書では、きれいにレイアウトされたWebページを作成する方法を、実際に作業をしながら学びます。第1章の目標は、自分の力だけでHTML（Hyper Text Markup Language）を記述して、オリジナルなWebページを1ページ作り上げられるようになることです。

ただし、プロでもHTMLを使いこなすことは簡単ではありません。そのため、本書では学習用のテンプレート（大きな枠組みをあらかじめ構成してあるレイアウト見本のようなもの）を利用し、テンプレートを修正しながら仕上げていくという方法を採用しています。

Webページの編集には、本書の学習用に特別に開発された「チーム学習のためのHTMLエディタ」（以後「HTMLエディタ」と呼びます）を利用します。あらかじめ利用申請※してアクセス権を得ておいてください（一般的なテキストエディタでも学習は可能です）。

※原則として、3～5名のチームで申し込みます。

P.104「リファレンス」参照

●「HTMLエディタ」利用申請

まずは、本書に従って順に作業を進めていきましょう。初めて作成する人でも、デザインの整った作品が仕上がるはずです。

»1-1 HTMLエディタの使い方を覚えよう

1 「HTMLエディタ」の利用手順

「HTMLエディタ」の利用申請後に発行されるURLにアクセスすると、登録者のマイページが表示され、ここで「HTMLエディタ（個人学習用）」ボタンをクリックすると、「HTMLエディタ」が実行されます（図1-1）。テンプレートは「HTMLエディタ」から自動的に入手できます。作業はパソコンで行い、ブラウザはグーグル・クローム（Google Chrome）の利用を推奨しています。

図1-1 「HTMLエディタ」のマイページと最初の画面

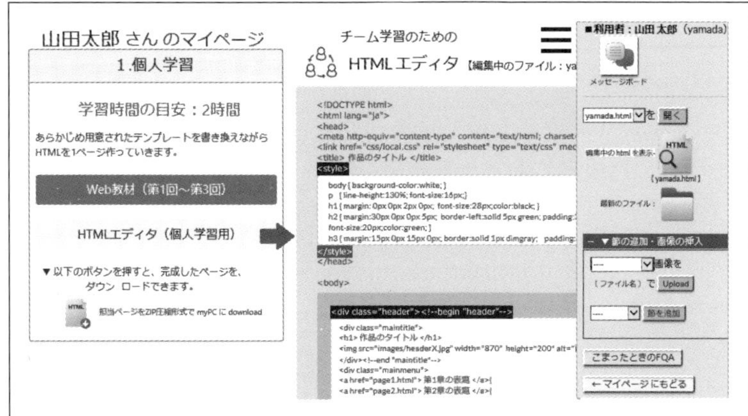

第1章での個人学習後、第3章で行うチーム学習は、「HTMLエディタ」を利用して次のように進めていきます。

①数名のメンバーでコミュニケーションを取りながら、分担してそれぞれのWebページを編集する。

②自分の パソコンではなく、サーバにHTMLファイルを作成する。

③サーバ上にあるimagesフォルダに、写真（jpgまたはjpeg）、画像（png）、映像（mp4）をアップロードする。

④編集中のページを表示し確認する。

⑤完成したWebページをまとめてダウンロードする 。

始めにURLにアクセスパスワードをつけてアクセスすると、図1-1のようなページが開きます。「HTMLエディタ」ではチームの一人ひとりが最低でも1ページを担当して仕上げることが前提になっています。開かれたページはメンバーそれぞれで異なり、利用登録時に入力したローマ字の名前、たとえばyamada.htmlなどになっています（本書では、説明上namae.html とします）。第1章の個人学習では、namae.htmlのページを1ページ作成することになります。

また、利用登録時のメンバーの一人目が「班長」となります。班長の役割は、第3章のチーム学習でまとまった作品を作り始めるときに、ページの分担表を作成したり、できあがった作品を一括してダウンロードできるようにしたりすることです。

2 テンプレートのWeb表示

まずは「HTMLエディタ」で、自分の担当するnamae.htmlをWebページとして閲覧してみましょう。ログインすると自動的に担当ページが開きます。

開かれたページnamae.htmlは、メンバーごとに異なる名前ですが、初めて開くときは、【※template】を読み込んでいます。※ テンプレートは、Webページ1ページ分の枠組みにあたるもので、加筆したり修正したりすることによって、ページを仕上げていくように工夫されたものです。

※「HTMLエディタ」を使用しない場合は、別途、テンプレートを入手してください。

もし、編集中に誤ってページの構成がおかしくなり、正常にWebページが表示できなくなったら、テンプレートを開き直して、始めからやり直せばよいわけです。自分で加筆・修正したテキストの部分を、Windowsの場合は「メモ帳」、Macの場合は「テキストエディット」など、パソコン上のテキストエディタに残しておけば、すぐにページの再構成ができます。

それでは、図1-1 右のメニューにある〔編集中のhtmlを表示〕の右のボタン（アイコン）をクリックしてください。図1-2 のように、デザインされたWebページが表示されます。

このように、「HTMLエディタ」では、〔編集中のhtmlを表示〕アイコンをクリックすることで、編集途中のHTMLの内容をいつでもWebページとして表示させて確認することができます。

図1-2 テンプレートの表示画面

作品のタイトル

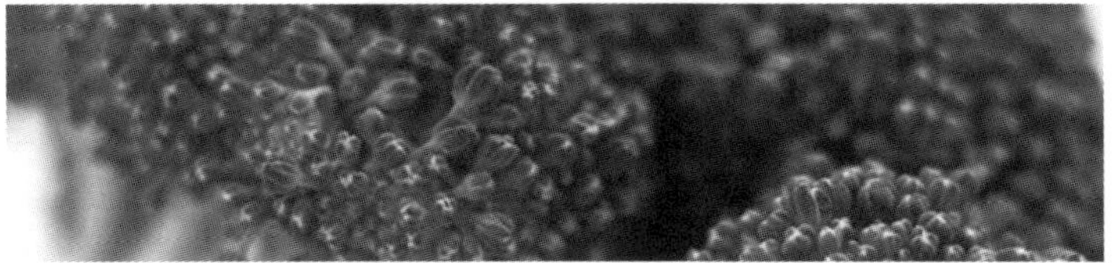

第1章の表題 | 第2章の表題 | 第3章の表題 | サイトマップ

第１章の表題

この行には、この章の説明や目的などについて書くとよいでしょう。

第1節の見出し

「具満タン」CD版より利用

ここが**第1節のテキスト部分**です。この文章を，左側の写真（または図・イラスト）に対応した内容に入れ替えてください。また写真の位置は，右側 "imgRight" または左側 "imgLeft" のどちらかにしてください。写真の表示サイズを変更したい場合は，width="300" の数値を変更してください。ただし最大値は width="870" です。

第2節の見出し

「具満タン」CD版より利用

ここが**第2節のテキスト部分**です。この文章を，左側の写真（または図・イラスト）に対応した内容に入れ替えてください。また写真の位置は，右側 "imgRight" または左側 "imgLeft" のどちらかにしてください。写真の表示サイズを変更したい場合は， width="300" の数値を変更してください。ただし最大値は width="870" です。

第3節の見出し

ここが**第3節のテキスト部分**です。この文章を，右側の写真（または図・イラスト）に対応した内容に入れ替えてください。また写真の位置は，右側 "imgRight" または左側 "imgLeft" のどちらかにしてください。写真の表示サイズを変更したい場合は，width="300" の数値を変更してください。ただし最大値は width="870" です。

「具満タン」CD版より利用

第4節の見出し

ここには，テキストを入れてください。写真を表示させない場合の例です。写真を表示させたい場合は，第1節または第2節のソースをコピーして入れてください。

第5節の見出し

第1節～第4節は，写真有り無し，写真左右の例ででした。このテンプレートの本文の変更，写真の変更，サイズなどの変更を行うことで，オリジナルな皆さんのページを構成できます。

(c)2020 JNK4 & JAPIAS

3 テンプレートのHTML

図1-3 のように表示されているのが、編集中のHTMLです。ここに書かれていることが、Webページの表現のすべてになります。

「HTMLエディタ」では、図1-3 の白い枠の部分だけを書き替えることができるようになっています。白い枠以外の部分の記述も、HTMLでは大変重要ですが、決まり文句のため、「HTMLエディタ」の場合は、書き替えができないようになっています。初心者のうちはHTMLの記述すべてを理解できなくても問題ありません。本節では、基本的なことだけ説明しておきます。※

図1-3 HTMLの編集画面

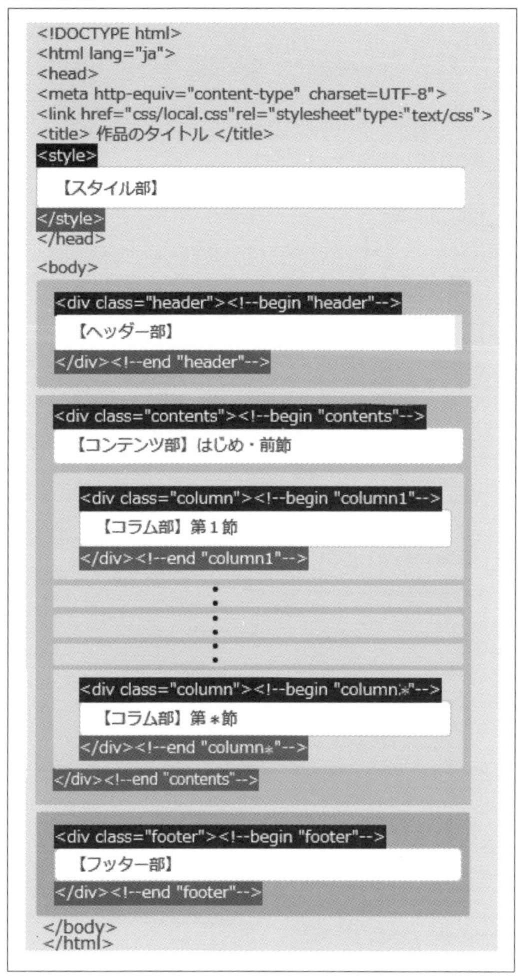

HTMLファイルは、**<!DOCTYPE html> <html lang="ja">**で始まり、**</html>** で終わります。またその中に、**<body>**～**</body>**に挟まれた部分があり、これが「本体」になります。

このように半角のカッコ **< >**で囲まれた部分をタグと呼び、一般には、**<タグ名>**～**</タグ名>**で囲みます。本体**<body>**までの上部にも、Webページをデザインするうえで重要なタグがたくさんありますが、まず、**<body>**以下を説明します。※

本体は**<div class="xxxxx">**というタグを使って【ヘッダー部】【コンテンツ部】【フッター部】の3つの部分で構成されています。

【ヘッダー部】は、図1-2 に示されている最上段（タイトルの部分）に対応します。また【フッター部】は、同じ図1-2 の最下部のデザイン（コピーライトの記述など）で、複数ページのあるWebサイトでは、同じものに統一するのが通常です。

内容の本体である【コンテンツ部】は、複数個の【コラム部】（namae.htmlの中では、第1節～第5節）で構成されています。まずは、【コラム部】を覗いてみましょう。たとえば、**<div class="column"><!--begin "column1"-->**と**</div><!--end "column1"-->**に囲まれた第1節の内容は、次のようになっ

※テンプレートのHTMLの内容の詳細は、第2章を参照してください。なお、参考1としてテンプレートのHTMLの全文を掲載しています。

※タグについての詳細は、第２章第１節 2 で解説します。

ています。

html
```
<h3> 第 1 節の見出し </h3><!-- 小見出し -->

<!-- 写真の位置とサイズ（キャプション）-->
<figure class="imgLeft"><img src="images/pageX-1.jpg" width="300" alt=" 画像
説明 " >
<figcaption>「具満タン」CD 版より利用 </figcaption></figure>

<!-- 本文（改行は ＜ br ＞）-->
<p>
ここが <b> 第 1 節のテキスト部分 </b> です。この文章を，左側の写真（または図・イラスト）に対
応した内容に入れ替えてください。
また写真の位置は，右側 "imgRight" または左側 "imgLeft" のどちらかにしてください。
写真の表示サイズを変更したい場合は，width="300" の数値を変更してください。ただし最大値は
width="870" です。
</p>
```

この部分のWebの表示は、図1-4のようになります。

図1-4 第1節の表示画面

第1節の見出し

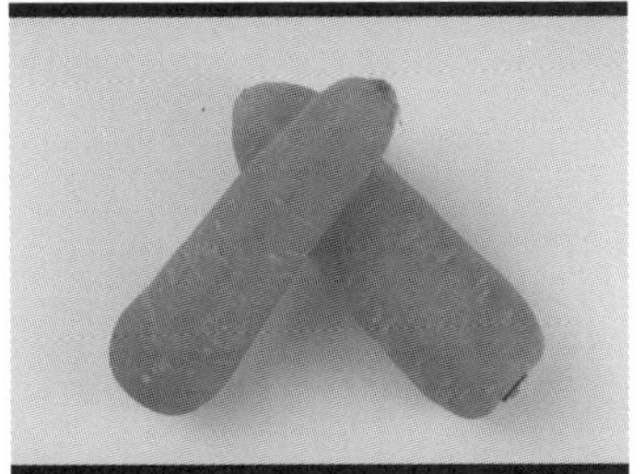

「具満タン」CD版より利用

ここが**第1節のテキスト部分**です。この文章を，左側の写真（または図・イラスト）に対応した内容に入れ替えてください。また写真の位置は，右側 "imgRight" または左側 "imgLeft" のどちらかにしてください。写真の表示サイズを変更したい場合は，width="300" の数値を変更してください。ただし最大値は width="870" です。

第1節の表示の内容やレイアウトの要素は、すべてHTMLの【コラム部】第1節中に記述されています。たとえば、1行目の**<h3>第1節の見出し</h3><!--小見出し-->**の部分が、図1-4の四角の枠に囲まれている部分に対応することは、すぐわかるはずです。また、**<!--小見出し--><!-- 写真の位置とサイズ（キャプション）--><!-- 本文（改行は
）-->**は、図1-4のどこにも表示されていません。**<!-- 〜 -->**の部分は、コメントタグといって、Web表示のときに無視する特別なタグです。図1-4では3か所に挿入されています。

コラム

HTMLの書き方の決まりと名称

発表用の文書などを書くときには、大見出し、見出し、本文というようなパーツを組み合わせていくと思います。

HTMLでは、大見出し、見出し、本文などのパーツの内容をタグと呼ばれる記号を使って目印をつけて、ブラウザが識別できるように表示しています。

パーツの書き方と名称は、図1-5のとおりです。

図1-5 HTMLの要素

HTMLの要素

要素名

<h1> 作品のタイトル </h1>

開始タグ　要素の内容　終了タグ

「作品のタイトル」という内容を**<h1>**と**</h1>**という「最上位の見出し」という意味をもつタグのペアで挟みます。最初のほうを開始タグ、最後のほうを閉じタグ（または終了タグ）と呼びます。閉じタグは必ず頭に「**/**（スラッシュ）」をつけるという決まりがあります。

2つのタグと挟まれた内容をあわせて全体を要素と呼びます。また、「作品のタイトル」の部分を要素の内容と呼びます。

また、要素は、入れ子[※1]で記述することができます。入れ子で記述するとは、テンプレートで **div class=contents** の中に **div class=column** がいくつかあるように、要素の内容の中に別の要素を書くことです。この場合、内側の要素を子要素、外側の要素を親要素と呼びます。

(※1) 入れ子：あるものの中にそれと同じものを入れた構造。

HTMLの記述には、次のような基本的な決まりがあります。

●HTMLを書くときの基本的な決まり

- HTMLを書くときは、すべて半角英数字（アルファベットは小文字）
- タグは必ず半角カッコ**< >**で閉じる
  例）**<p> これからHTMLを学びます。</p>**
- 全角の空白は見た目（ブラウザ）に反映される
- 半角の空白はブラウザに反映されないが、文字の間の半角スペースは1つだけ反映される
- **<!-- ～ -->**の間に説明やメモ書きを日本語で書くこ

とができ、この日本語はブラウザで反映されない。
例）<!-- 小見出し -->

よく使うHTMLのタグを一覧にしましたので、参考にしてください。

表1-1 よく使うHTMLのタグ一覧

①block（ブロック）形式で使うタグ

要素名	元の英語名	意味
h1	heading rank1	最上位の見出し（大見出し）
h2	heading rank2	2番目の見出し
h3	heading rank3	3番目の見出し
h4	heading rank4	4番目の見出し
p	paragraph	段落
ul	unordered list	番号なしリスト
ol	ordered list	番号つきリスト
li	list item	リスト項目
div	division	グループ化

②inline（インライン）形式で使うタグ

要素名	元の英語名	意味
a	anchor	リンク（アンカー）
img	image	画像
span	span	範囲
br	line break	強制改行

※block形式、inline形式については、第1章第4節2で解説します。

1-2 テンプレートを修正しよう

1 テキストの変更と確認

1. 節の見出しの変更

第1節の内容を再掲します。

html
```
<h3> 第 1 節の見出し </h3><!-- 小見出し -->

<!-- 写真の位置とサイズ（キャプション）-->
<figure class="imgLeft"><img src="images/pageX-1.jpg" width="300" alt=" 画像説明 " >
<figcaption>「具満タン」CD 版より利用 </figcaption></figure>

<!-- 本文（改行は ＜ br ＞）-->
<p>
ここが <b> 第 1 節のテキスト部分 </b> です。この文章を，左側の写真（または図・イラスト）に対応した内容に入れ替えてください。
また写真の位置は，右側 "imgRight" または左側 "imgLeft" のどちらかにしてください。
写真の表示サイズを変更したい場合は，width="300" の数値を変更してください。ただし最大値は width="870" です。
</p>
```

この内容は、HTMLの変更方法の説明にもなっています。理解できたら、<h3>タグに挟まれた部分を、特に < 、 > を消さないように注意して、自分の考えた見出しに書き直してみましょう。

修正できたら、メニューにある〔編集中のhtmlを表示〕アイコンをクリックしてください。変更の結果がWebページに反映されるはずです。

2. 本文の変更

本文のテキストは、<p>～</p>の部分です。<p>と</p>の間に挟まれた文章を差し替えましょう。<p>と</p>は、消さないように注意します。

直接入力しても、別のファイルにあった文章をコピーしてもいいです。ただし、文章中の改行はWebページには反映されません。改行を入れたいときは、その行の最後に半角英文字で改行タグの

を挿入します。

修正できたら、1. と同じように、メニューにある〔編集中のhtmlを表示〕アイコンをクリックします。変更の結果をWebページ上で確認しましょう。

2 写真の表示サイズや位置の変更

次は、節の中での写真の変更です。実際にWebページで利用する写真を用意するには時間がかかりますので、まずは、写真はテンプレートをそのまま利用することにして、写真の位置や大きさを変更する方法を覚えましょう。写真は、次のタグで位置と大きさ、および写真のファイル名が記述されています。

html

```html
<figure class="imgLeft"><img src="images/pageX-1.jpg" width="300" alt="画像説明">
```

このimgタグの記述は、src=で示された名前の写真「pageX-1.jpg」を、横サイズ300pxで表示するという意味です。サーバのimagesフォルダには、すでに「pageX-1.jpg」という名前の写真（ニンジンの写真）が保存されていて、それが表示されます。

width=の値を他の数値に変更すると、写真の表示サイズが変更されます。ただし、このテンプレートでは最大値は870pxですので、それ以上にすると表示ができなくなります。

なお、値を870にすると、コラムの上部は写真で満たされ、文章は写真の下に回るようになっていますので、覚えておくと便利です。

また、imgLeftは「写真は左」という意味で、imgRightと書き替えると、写真はコラムの右側に移ります。※写真の表示サイズに関する変更は、imgRightに変えてもimgLeftと同じです。

※スペルを間違えないように注意しましょう。

なお、width="0"とすると写真は表示されず、文章だけになりますが、写真を指定して0サイズにすることは意味がありません。文章だけのコラムの場合は、<figure class="imgLeft">～</figure>の行をすべて削除すればよいのです。写真のないコラムの例を第4節目に載せていますので、見比べてみてください。

演習 1

所要時間 5 分

テーマを設定して「HTMLエディタ」を操作しよう

見出しの修正や文章の変更、写真の表示サイズや位置の変更方法がわかったら、テンプレートにある3枚の写真を活かして、Webページらしくまとめてみましょう。

説明の文章かストーリーを考え、それぞれの節の内容を書き替えてください。

(注1) 写真の差し替えは、第1章第3節 1 で説明します。この演習では、写真の表示サイズの変更や左右の位置の変更までを行ってください。

(注2) **<タグ>**の部分は、消してはいけません。誤って消去すると、レイアウトが乱れてしまいます。どこでおかしくなったのかわからなくなったら、【※template】をクリックして、始めからやり直してください。そのため、入力したテキストは、テキストエディタに残しておくと安全です。

コラム　Webページ作成の一連の操作（開く・表示・保存）

「HTMLエディタ」でのWebページ作成の一連の操作は、次のとおりです。

①「HTMLエディタ」にログインし、自分の担当ページを自動で呼び出す。

②〔 **開く** 〕をクリックして、「HTMLエディタ」にファイルを呼び出し、入力エリアの中のテキストを追加・修正する。

③編集中、〔 **編集中のhtmlを表示** 〕アイコンをクリックしてWebページとしてのデザインや内容を確認する。

④最後に、同じファイル名でサーバに保存する。

「HTMLエディタ」では、編集中のHTMLの状態を 図1-6 のようなアイコンで表しています。Webページの内容に追加や修正を加えた後、保存せずにブラウザを閉じると、せっかくの作業がゼロに戻ります。「完成したからこれで終了」と思わず、頻繁に〔**サーバに保存（SAVE)**〕アイコンをクリックして、最新の状態を保存するようにしましょう。

図1-6 保存が必要な場合と不要な場合のアイコン

①保存が必要な場合

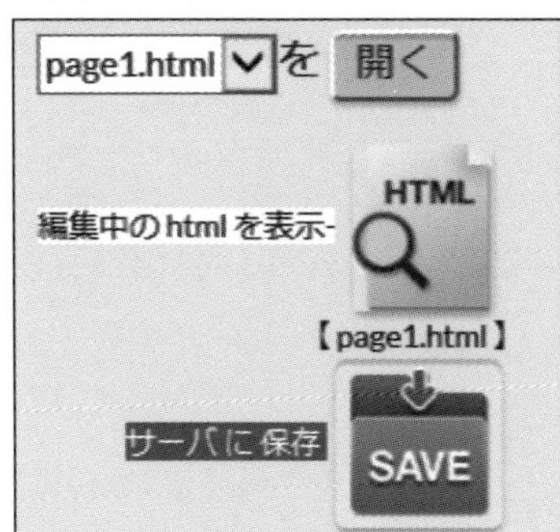

②保存が不要な場合

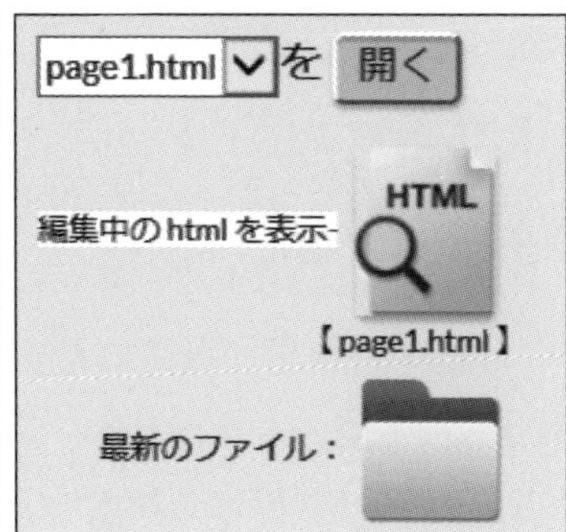

③アイコンの意味

編集中のHIMLが最新の状態であることを表している。

内容を書き替えた後、〔サーバに保存（SAVE)〕アイコンが押せる状態になる。

保存が成功し、編集中のHTMLが最新の状態に更新されたことを表している。

1-3 ページのデザインを変更しよう

1 写真を入れ替える（uploadする）

写真の大きさや位置は、思ったように変更できましたか？　次は、写真の入れ替えです。テンプレートにある写真（ニンジンの写真）ではなく、自分で用意した別の写真に変更してみましょう。

第1章第1節 1 で「HTMLエディタ」の進め方として説明したように、写真はサーバ上の**images**フォルダにアップロードして使います。つまり、自分のパソコンにある写真を、サーバにアップロードしなければなりません。その機能は「HTMLエディタ」に用意されています。メニューの「▼節の追加・画像の挿入」の下にある、「［節］の画像を〔ファイル名〕で〔Upload〕」を使います（図1-7）。

画像のアップロードでは、写真や画像に自由に最大16文字までの長さでファイル名をつけることもできますが、名前をつけるのは「HTMLエディタ」に任せて、どの節の画像かを指定してアップロードするとよいでしょう。自動的に、**page*-1.jpg**などの名前がつきます。

Webページでは、大きなサイズの写真や画像を使用することはすることはできません。大きなサイズの写真や画像は表示時に通信に大きな負荷がかかるからです。「HTMLエディタ」は、写真（jpg形式、jpeg形式）や図（png形式、gif形式）などの画像は横幅が最大で640px（ピクセル）、動画（mp4形式）はファイル容量が20MB（メガバイト）未満と制限を設けています。なお、写真や図のサイズが大きいときは、アップロード時に自動的に横幅を640pxにリサイズして小さいサイズで保存する機能があるため、スマートフォンなどで撮った写真もそのままアップロードできて便利です。ただし、写真や図のリサイズが必要な場面は、これからもよく出てくるため、いろいろな方法を知っておきましょう。※

さて、画像を挿入する節を指定して〔Upload〕を押すと、図1-8のような画面が出てきます。画面のフォルダの絵の部分にパソコン上の画像ファイルをドラッグ・アンド・ドロップすると、アップロードできます。このとき、画面にサムネイル（画像ファイルの縮

図1-7
HTMLエディタのメニュー画面

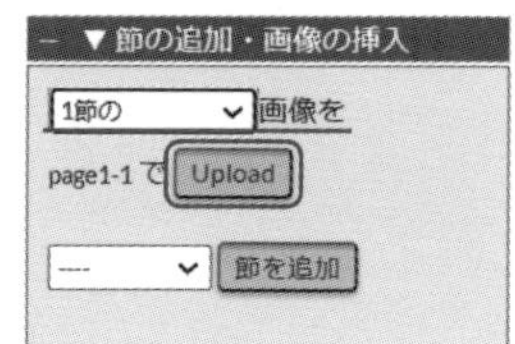

※簡単な縮小の方法は、P.32「コラム：簡単な写真縮小の方法」を参照してください。

図1-8 ファイルのアップロード

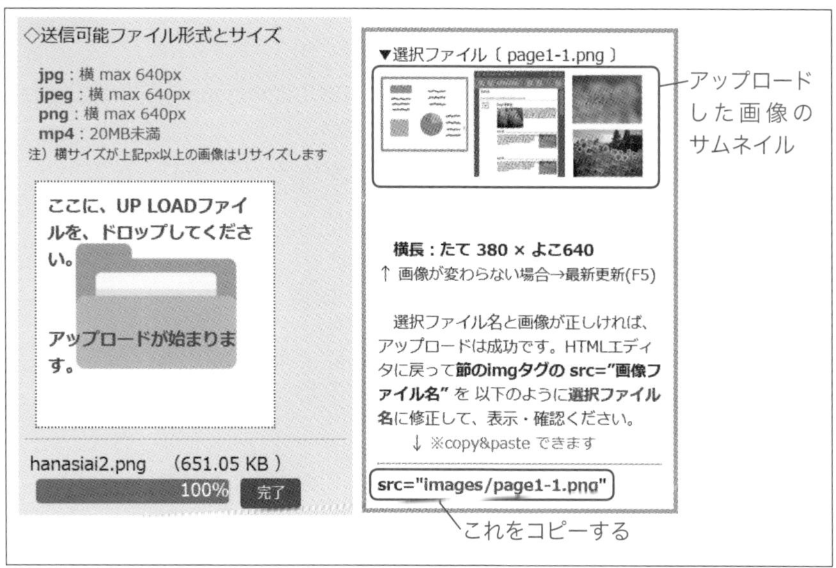

小見本）が表示され、そのファイルに対してサーバ上でのファイル名がつけられます。たとえば、「▼選択ファイル〔page*-1.jpg〕」と表示されると同時に、下部に src="images/page*-1.jpg" と表示されるので、これをコピーしておきます。

アップロードに成功すると、写真や画像は、サーバのimagesフォルダに保存されますので、imgタグの写真の名前指定の部分（<img src="images/pageX-1.jpg"…>の下線の部分）を、アップロードした写真や画像のファイル名（先ほどコピーしたもの）に置き替えてください。あわせて写真や画像の表示サイズや位置も調整して、Webページの表示を確認しましょう。アップロードが完了したら「×（閉じる）」をクリックしてアップロード画面を閉じてください。

続いて、写真や画像の下に表示されるキャプション（説明文や見出しなど）も書き替えておきましょう。キャプションは、<figcaption>～</figcaption>の部分です。

html
```
<figcaption>「具満タン」CD 版より利用 </figcaption>
```

キャプションには、写真や画像の内容を示す言葉を書きますが、公開する作品の場合は、図1-2 のテンプレートの例のように出典をはっきり書いておくことが求められます。

コラム

簡単な写真縮小の方法

写真はWindowsの場合、アクセサリにある「ペイント」というアプリを使って縮小するのが簡単です。Macの場合は類似のアプリとして「プレビュー」が利用できます。

「ペイント」での写真の縮小の手順は、次のとおりです(図1-9)。

図1-9 写真の縮小

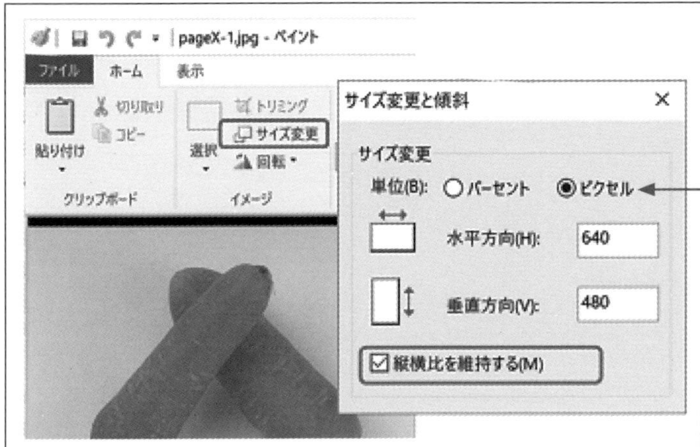

①「ペイント」を開く。

②.jpgのファイルを、「ペイント」の窓「空白」の部分にドラッグすると、写真が表示される。

③上部左から2つ目の「ホーム」タブの「サイズ変更」をクリックする。

④「サイズ変更と傾斜」画面が表示されたら、**「縦横比を維持する」にチェックを入れ(ここが重要!)**、単位のラジオボタンで「ピクセル」を選択し、値を変更する。

⑤「OK」を押すとサイズの変更が実施され、縮小された写真が表示される。

⑥「上書き保存」、または新しいファイル名をつけて「保存」をクリックする。

2 ページの色の変更

次に、ページで使われている色を変更してみましょう。

namae.htmlの色情報は、テンプレートの**<style>**と**</style>**に挟まれた「スタイル部」に書かれていて、始めの部分は次のようになっています。

CSS

```
body { background-color:white; }
p { line-height:130%; font-size:16px;}

h1 { margin: 0px 0px 2px 0px; font-size: 28px; color: black; }
h2 { margin: 30px 0px 0px 5px; border-left: solid 5px green; padding: 3px 3px 0px 10px;font-size: 20px; color: green; }
h3 { margin: 15px 0px 15px 0px; border: solid 1px dimgray; padding: 5px 0px 5px 10px; font-size: 18px; background-color: white; color: dimgray; }
h4 { margin: 10px 0px 5px 5px; border-left: solid 5px orange; padding: 3px 3px 0px 10px;font-size: 16px; color: orange; }

a { color:steelblue; }
a:hover { color:tomato; }
figcaption { font-size:14px; }
```

body はWebページ全体、**p** は節のテキストの部分のスタイル（デザインを示したもの）で、 **h1〜h3** は、それぞれ作品のタイトル（**h1**）、章の見出し（**h2**）、節の見出し（**h3**）のスタイルを示しています。**h4**は、さらに下の見出しになりますが、namae.htmlでは使用していません。

このように、それぞれのタグの色や形のスタイルを指定する一連の記述をCSS（※1）といい、Webページ作成には重要な働きをしています。つまり、Webページは、HTMLとCSSの組み合わせでデザインされているのです。

テンプレートのCSSでは、文字の色**color**と背景色**background-color**という属性（プロパティ）に、「：(コロン)」に続いて**white**（白）、**green**（緑）、**dimgray**（暗い灰色）などの色情報が指定されています（わかりやすいように、ここでは太字と下線で示しています）。

また、前後にある**margin**、**border**、**padding**といったプロパティは、横幅や上下左右の余白に関する指定です。※ テンプレートは、それらを配慮してデザインされているため、変更しないようにしましょう。※

(※1)CSS(Cascading Style Sheets；カスケーディング・スタイル・シート)：HTMLで定義した各要素の意味や情報に対して、それらをどのように装飾するかを指定するための言語。

※余白の指定については、第１章第4節 **1** で解説します。

※ほかの部分は消さないように注意してください。

それでは、テンプレートの色を変更して、別の色で表示してみましょう。ただし、どのような英単語を使ってもよいわけではありません。「Web色見本　原色大辞典[※2]」が参考になります。

(※2) **Web色見本　原色大辞典**：ブラウザで名前が定義された「Color Name」140色とその16進数が記載されている。インターネットで使われるポピュラーな色で、カラータグとして扱うことができ、また、英語の色名辞典としても使える。

P.104「リファレンス」参照

●Web色見本　原色大辞典

ここには140色に対応する英単語が示されています。たとえば、黒は**black**または**#000000**です。色を選んで、スペルを間違えないように書き替えてください。

どこを変更すると、どのように変わるか確認しましょう。bodyの背景色を黄色（**background-color:lightyellow**）に変更しただけでも、ずいぶん雰囲気が変わります。

3 文字のサイズと行間の変更

続いて、文字のサイズについて説明します。

次のCSSの**h1**～**h3**と**p**には、**font-size**という文字の大きさを指定するプロパティがあります（わかりやすいように、ここでは太字と下線で示しています）。

CSS

```
h1 { font-size:28px; color:black; }
h2 { font-size:20px; color:green; }
h3 { background-color:white; font-size:18px; color:dimgray }
h4 { font-size:16px; color:orange }
p { font-size:16px; line-height:130%; }
```

基本的には、変更する必要はほとんどありませんが、もう少し文字を大きくしたいといった場合は変更してみてください。ただし、見出しのレベルを考え、大見出しから小見出しへと少しずつサイズを小さくするのがよいでしょう。また、文字のサイズに合わせて、行間を指定する**line-height**を、100～150%の範囲で変更し、読みやすくしてください。うまくいかなければ、元に戻せば問題ありません。

色の組み合わせや文字サイズには、相性があります。また、背景色を変えたら文字色も変更しないと、読みにくくなります。ほかの人の作った見やすいWebページをたくさん見て、よい色の組み合わせを選んでください。暖かい感じ、クールな感じなど、テーマによって背景色を選び、見出しの文字の色を変更して、美しく読みやすいWeb表現を追求してください。

コラム

文字の大きさの単位とフォントの知識

「HTMLエディタ」では、px(ピクセル)という単位を使ってfont-sizeの表示を決めています。1pxの大きさは、ディスプレイの解像度によって変わるため、普段使い慣れているcmに単純に換算することは難しいです。しかし、Webページでは、幅や高さをpxで指定することが多いので、画面での相対的な大きさは予想できると思います。

なお、サイズの指定方法はpxのほかに相対的に表示できる書き方がありますので、表1-2にまとめておきます。

表1-2 文字のサイズの指定方法

単位	表示のルール
px	一般的な書き方。絶対値での指定のため、他の要素の影響を受けない。16pxと書けば、16pxで表示される。
%	相対値での指定。親要素のfont-sizeが16pxの場合、16px = 100%となる。
em	相対値での指定。親要素のfont-sizeが16pxの場合、16px = 1emとなる。
rem	ページのルート要素(つまりhtml要素)との相対値での指定。ルート要素のfont-sizeが16pxの場合、16px = 1remとなる。

次に、フォントについて見ていきましょう。 Webページの見やすさや雰囲気は、フォントの選び方でずいぶん変わります。コンピュータやスマートフォンなどのデバイスには、それぞれのOSやブラウザが持っているフォントがインストールされています。したがって、制作者がフォントを指定しなければ、自動的にデバイスに入っているフォントで表示されるようになっています(図1-10)。これをデバイスフォントといいます。

図1-10 デバイスフォントの比較

①Windows（Google Chrome）で見た場合

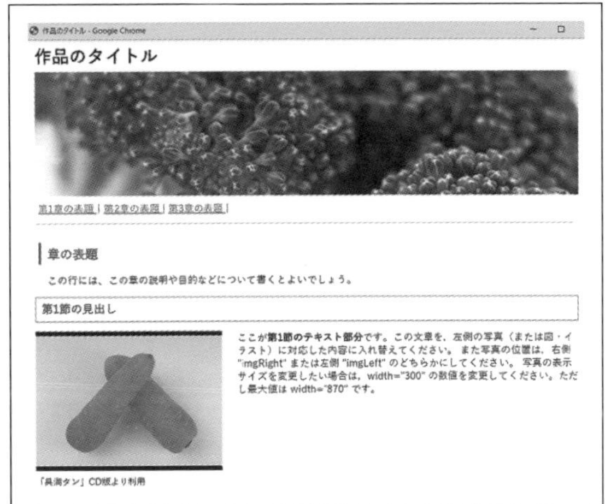

②Mac（Safari）で見た場合

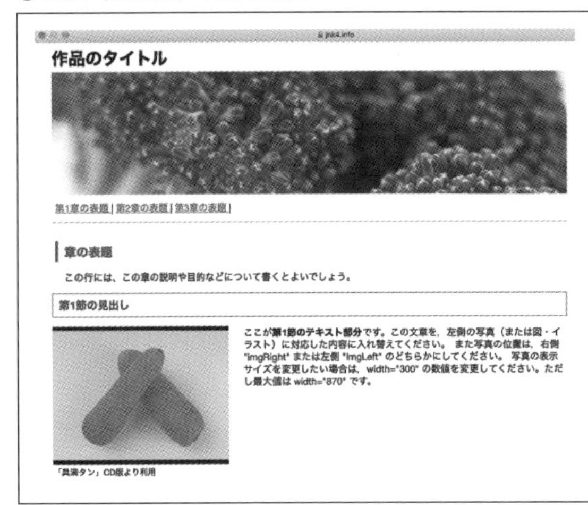

同じページでも、デバイスによって見え方が若干違うことがあるのはデバイスフォントの違いのためなのです。

HTMLでは、CSSファイルにフォントの種類を書いておくことによって、どのデバイスであっても自分のイメージに近いフォントで表示させることができます。フォントの種類は、**font-family**というプロパティで指定し、通常は複数のフォントの種類を指定します。

CSS
```
font-family: "Helvetica Neue", Arial, "Hiragino Kaku Gothic ProN",
"Hiragino Sans", Meiryo, sans-serif;
```

自分のイメージに近い複数のフォント名を優先順に書いておくことで、Webページの閲覧者が使っているデバイスで利用可能なものが優先順に選択され、表示されます。このため、あまり特殊なフォントを指定することはお勧めしません。少なくとも最後に、ほぼすべてのブラウザがサポートしているフォントであるsans-serifを指定しておいたほうがよいでしょう。

1-4 表現を工夫してmyWebページを仕上げよう

1 ボックスをデザインするプロパティ

「HTMLエディタ」に用意されていたテンプレートの内容を書き替えることで、見やすくきれいなWebページになりましたか？

本節では、色や文字のサイズだけでなく、もう少しページのデザインを変更する方法を学びます。線の色や余白を変更する方法を理解し、自分のWebページの表現に役立ててください。テンプレートの枠組みは変更せずに、表現を変えることによって、洗練されたオリジナルなmyWebページを仕上げることができるようになります。

テンプレートの上部、**<style>**と**</style>**に挟まれた「スタイル部」には、次のようなスタイルが設定されていました（第3節までの学習中、一部を変更している人もいるかもしれません）。

ここでは、色（**color: background-color**）と文字サイズ（**font-size: line-height**）以外のプロパティについて見ていきます（わかりやすいように、ここでは太字と下線で示しています）。

CSS

```
body { background-color: white; }
p { line-height: 130%; font-size: 16px; }

h1 { margin: 0px 0px 2px 0px; font-size: 28px; color: black; }
h2 { margin: 30px 0px 0px 5px; border-left: solid 5px green; padding: 3px 3px 0px 10px;font-size: 20px; color: green; }
h3 { margin: 15px 0px 15px 0px; border: solid 1px dimgray; padding: 5px 0px 5px 10px; font-size: 18px; background-color: white; color: dimgray; }
h4 { margin: 10px 0px 5px 5px; border-left: solid 5px orange; padding: 3px 3px 0px 10px;font-size: 16px; color: orange; }
```

まず、ボックスのデザインに関係するプロパティについて解説します。

上記は、**body**、**p**、**h1**、**h2**、**h3**、**h4** に関するスタイルの設定であり、HTMLで、それぞれタグで囲んだ内容に対応します。それぞれのタグは、見えない四角の領域に囲まれていると捉えると理解しやすいでしょう（図1-11）。その領域は横幅（**width**）と高さ（**height**）をもったボックスで、**width:X**と**height:Y**のXとYに半角数字を入れて大きさを指定できます。しかし、多くの場合、指定は省略されていて、内容に合わせて適した大きさになります。

図1-11 ボックスのイメージ

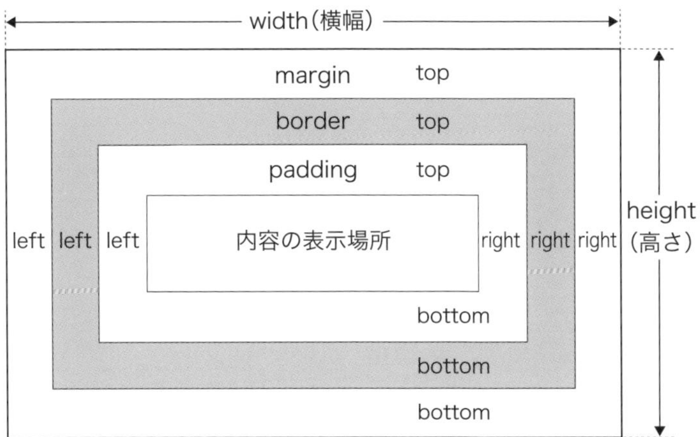

たとえば、**h2**と**h3**は1行分の見出しだけのため**width**と**height**の指定はありませんが、幅は文字数、高さは1行分のボックスとなります。それぞれのボックスは、図1-11のような構造になっていて、周りの線の太さや色、空白をpx（ピクセル）単位で指定できるようになっています。

図1-11網掛け部分**border**（枠）の外側の**margin**と内側の**padding**は、上下左右の4つの幅をそれぞれpxで指定できますが、上下左右の順ではなく、時計回りで上→右→下→左の順に指定するということに注意が必要です。また、4つ指定するのではなく、1つだけ指定することもよくあり、その場合は4か所とも同じ値であることを意味します。

上下左右については、線の幅を0も含めて指定するだけではなく、それぞれのプロパティに**-top**、**-bottom**、**-left**、**-right**という文字を加えることによって、上下左右別々の幅を指定したり、空白を入れたりすることもできます。なお、記述しないと0となるため、右だけあるいは下だけ空けたいときなどに応用します。

また、**border**では、線の幅だけでなく、種類と色を指定できます。たとえば、**border: 10px solid yellow**とすると、上下左右10pxで**yellow**（黄色）の**solid**（直線）を引くことの指定になります。色は、第1章第3節 2 で紹介した「Web色見本　原色大辞典」から選び、**black**または**#000000**のような形式でも指定できます。また、**solid**の代わりとして、**double**（二重線）、**dashed**（破線）、**dotted**（点線）のほか、**groove**（立体的にくぼんだ線）、**ridge**（立体的に盛り上がった線）、さらに、**inset**（領域全体が立体的にくぼんだ表示）、**outset**（領域全体が立体的に盛り上がった表示）など、いろいろ効果的な表現が選択できます。

それでは、**h2**を見てください。

css

```
h2 { margin: 30px 0px 0px 5px; border-left: solid 5px green; padding: 3px 3px 0px
10px; font-size: 20px; color: green; }
```

marginは、上右下左（時計回り）で30 px 、0 px 、0 px 、5 px、**border**は左（**border-left**）のみ、直線（**solid**）で幅5 pxで緑（**green**）の線、文字（**color**）も緑（**green**）、**padding**は、上右下左で3 px 、3 px 、0 px 、10 pxと指定されています。その結果が、次のように表示されます。

ブラウザで見ると…

第１章の表題

続いて、**h3**を書き替えて、小見出しを作り変えてみましょう。**h3**は、次のようになっています。

css

```
h3 {margin:15px 0px 15px 0px; border:solid 1px dimgray; padding: 5px 0px 5px 10px;
font-size:18px; background-color:white; color:dimgray;}
```

ブラウザで見ると…

第１節の見出し

上記の太字部分を書き替え、次のように左線と下線を組み合わせたデザインに変更します。

CSS

```
h3 {margin:15px 0px 15px 0px; border-left:solid 5px orange;border-bottom:solid 1px
dimgray; padding: 5px 0px 5px 10px; font-size:18px; background-color:white;
color:dimgray;}
```

ブラウザで見ると…

第１節の見出し

続いて、次のように左線と背景色を組み合わせたデザインに変更します。

CSS

```
h3 {margin:15px 0px 15px 0px; border-left:solid 5px orange; padding: 5px 0px 5px
10px; font-size:18px; background-color:floralwhite; color:dimgray;}
```

ブラウザで見ると…

第１節の見出し

少しの工夫でずいぶん印象が変わります。実際に色や背景、線を変更してみて、Webページの内容をうまく表現するデザインを探し出してください。

2 CSSプロパティの変更を試せるシミュレータ

前項までに、色、文字のサイズ、文章の行間、枠線の色や太さ、余白の設定などについて学習しました。しかし、本書を読むだけでは、表示が実際にどのように変化するかを理解することは難しいことでしょう。

そこで、「HTMLエディタ」のほかに、CSSプロパティの設定値を変化させることで表示がどのように変わるかをシミュレーションできる学習支援ツール「StyleSheet-Helper（スタイル・シート・ヘルパー）」（CSSプロパティの解説と確認）を開発しました。誰でもWebで利用できるように公開していますので、実際にプロパティの値を変更して、どのように表示されるか確認してみましょう。

P.104「リファレンス」参照

●StyleSheet-Helper（CSSプロパティの解説と確認）

「StyleSheet-Helper」を利用する前に、block（ブロック）形式とinline（インライン）形式について、少し説明しておきます。block形式とは、前後で改行し、要素が幅と高さを持って縦に表示される形式です。inline形式とは、改行せず、要素が横並びに表示される形式です（図1-12）。

図1-12 block形式とinline形式

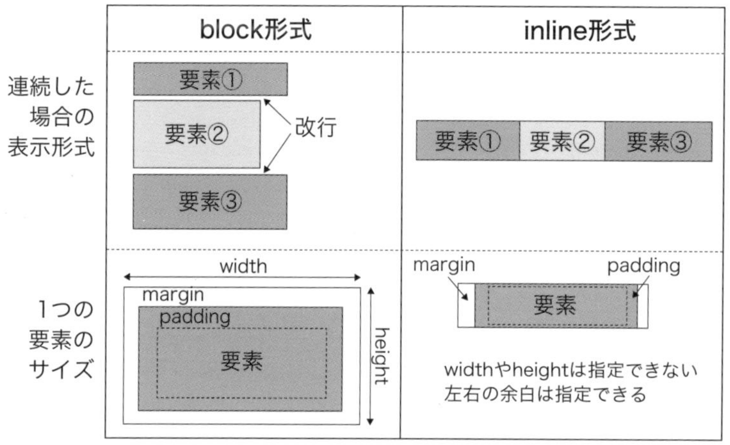

CSSのタグは、始めからどちらかの形式が設定されています。たとえば、**h1**（見出し）や**p**（段落）はblock形式、**img**（画像）や**b**（太字）などはinline形式です。ただし、それぞれのタグに対して、**display**プロパティを使って、**block**または**inline**のいずれかを指定することにより、表示形式を変更できます。「SyleSheet-Helper」では、同じCSSプロパティの値に対し、形式を変えることによってどのように表示が変わるかも体験できます。

使い方は単純で、左側に確認したいプロパティとプルダウンリストから確認したい値を選びチェックを入れます。値は用意されたものからの選択になりますが、いろいろ入れ替えてみると違いがわかるでしょう。［反映］ボタンをクリックすると、右側にシミュレーション結果が表示されます（図1-13）。

図1-13 「SyleSheet-Helper」の画面

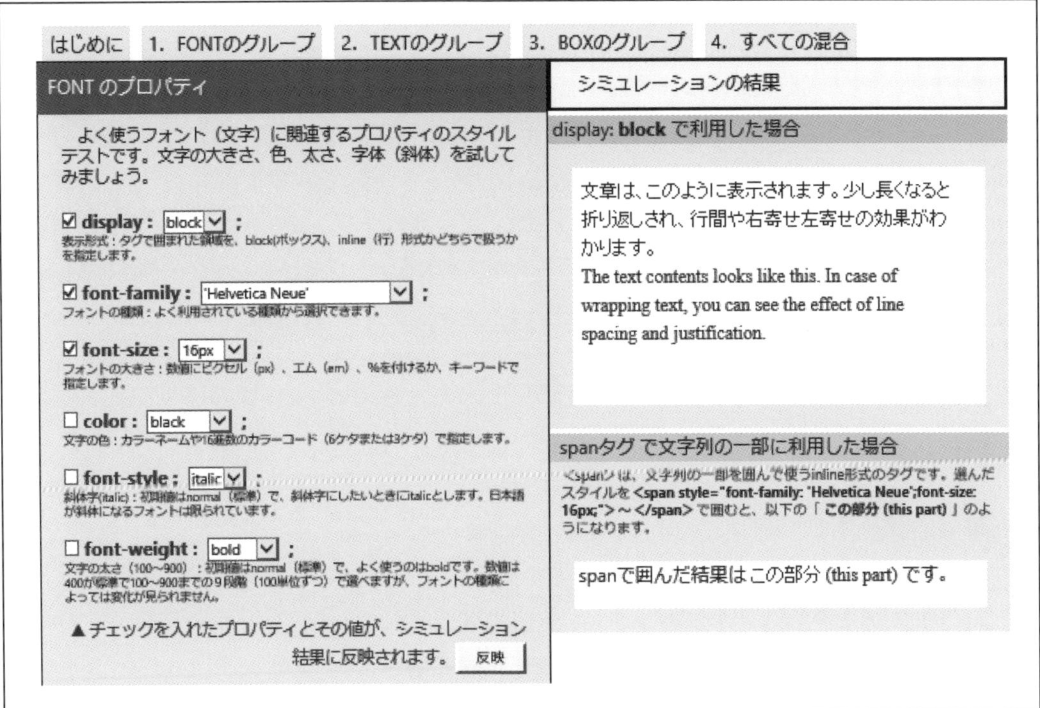

それでは、URLにアクセスしてみてください。次のように、3つのグループで、シミュレーションができます。

「1. FONTのグループ」: 文字のフォント、サイズ、色、字体など

「2. TEXTのグループ」: テキスト（文字列）の位置調整、行間、下線など

「3. BOXのグループ」: 領域を囲む枠線の太さや色、余白の大きさなど

それぞれのプロパティの表示の違いがわかったら、「4. すべての混合」を選んで、組み合わせた結果の表示を確かめてみてください。

ボックスをデザインする指定もさまざまです。さらに表現の工夫に興味がわいてきたら、ほかの人のWebページを検索して、スタイルの書き方をいろいろ調べてください。基本的なことが理解でき、自分のWeb作成に取り入れることができるようになるでしょう。

演習 2

所要時間 20分

簡単なmyWebページを作成してみよう

文章の変更と写真のアップロード、写真サイズの変更方法等がわかったら、実際に自分のページ（namae.html）を書き替えてmyWebページを作ってみましょう。

内容は、「自己紹介」でも「私のお勧め」でも「出身地紹介」でもいいですが、写真があったほうが楽しい作品になります。まず、テーマを決め、【コラム部】として3〜5節ぐらいに分け、文章に対応する写真やイラストなどを組み込み、文章を書き替えてみましょう。

コラム

節の追加と削除

「HTMLエディタ」のテンプレートは、5節で構成されています。もし、自分の作品が6節以上や4節以下になる場合は、節そのものを追加したり削除したりしなければなりません。操作の方法は、表1-3 のとおりです。

表1-3 節の追加と削除

①節の追加

「HTMLエディタ」のメニュー画面で、挿入箇所を指定して〔節を追加〕をクリックする。その場所に新しい入力エリアが挿入される。

②節の削除

<div class="column"><!--begin "column4"-->
column4 は，空欄です（※削除のみ【節を追加】を押すとこの節は削除されます）
節ごとに、入力ボックス内の内容をすべて消去すると、上記のメッセージが出ます。何も選ばずに（〔----〕のままで）〔節を追加〕をクリックします。

節を追加

削除したい節の入力エリア内の内容をすべて消去して、〔----〕のままで〔節を追加〕をクリックする。その節の入力エリアがなくなり、上に詰まる。

節を追加・削除しても、画像ファイルや動画ファイルの名前は変更されないため、問題なく表示されます。しかし、さらに新しいファイルを挿入すると、追加・削除後の節の番号で画像や動画ファイルの名前がつけられるため、前のものと重複する可能性が生じます。ミスを起こさないよう、節の数は作業の前に決め、その数の入力エリアを作成してから、具体的なWeb作成作業を進めるのが安全です。

3 個人学習の終了後

本章で練習として作成したnamae.htmlは、自分のパソコンに保存できます。マイページの「HTMLエディタ（個人学習用）」のボタンの下に表示されている、〔担当ページをZIP圧縮形式でmyPCにdownload〕の左横のボタンをクリックすると保存されます（図1-14）。

図1-14 担当ページのダウンロード

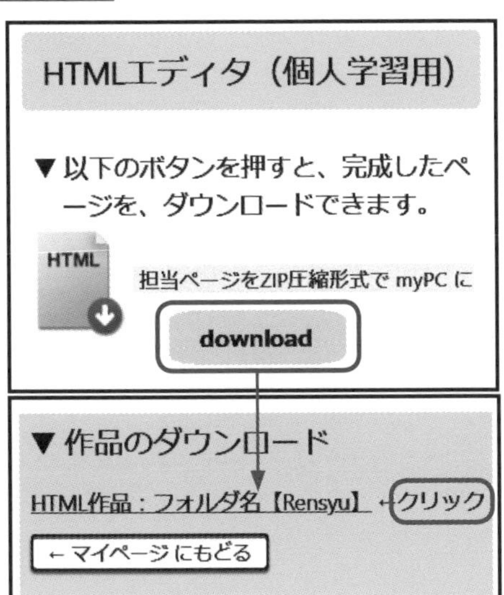
HTMLエディタ（個人学習用）
▼以下のボタンを押すと、完成したページを、ダウンロードできます。
HTML
担当ページをZIP圧縮形式で myPC に
download
▼作品のダウンロード
HTML作品：フォルダ名【Rensyu】
クリック
←マイページにもどる

作成したnamae.htmlに加えて、使用した写真や図表（imagesフォルダ）と、スタイルの基本定義（CSSフォルダ）を1つのフォルダ内にまとめたZIP圧縮形式のファイルがダウンロードされます。ファイル名はRensyu.zipとなります。

ZIP圧縮形式のファイルをダブルクリックすると、自分のパソコンのディスクトップにRensyuというフォルダが展開され、保存されます。さらにフォルダ内のnamae.htmlをダブルクリックすると、ブラウザを介してデザインされたWebページが表示されますので、確認してください。

第2章

あると便利な知識

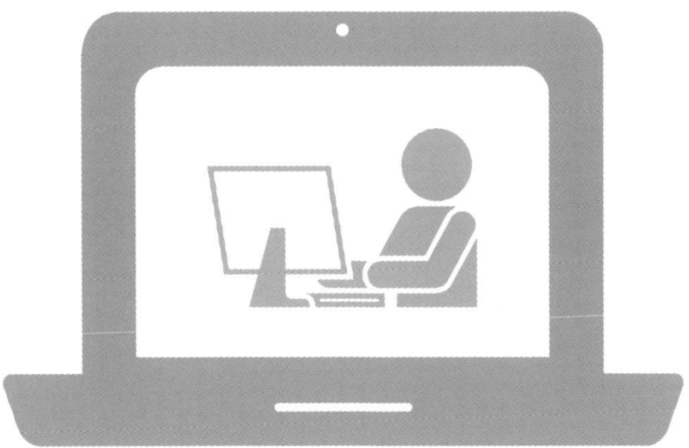

2-1 テンプレートに書かれていることを知っておこう

1 【ヘッダー部】【コンテンツ部】【フッター部】の内容

第1章では、「HTMLエディタ」を使って実際にHTMLを記述していく方法を学んできました。本章では、改めてテンプレートのHTMLがどのような構成になっているのか、ブラウザで見た状態から復習していくとともに、自分のWebページに書き換えていく視点について解説しましょう。

まず、「HTMLエディタ」のテンプレートは、大きく【header（ヘッダー部）】【contents（コンテンツ部）】【footer（フッター部）】の3つの部分に分かれています（図2-1）。※

※【ヘッダー部】【コンテンツ部】【フッター部】のデザイン（幅のサイズや高さ、配置）については local.cssで決めてあります。詳細については、第4章第3節で解説します。

1. ヘッダー部

【ヘッダー部】は、ページの顔とも言える部分です。maintitleの部分には、ページのタイトルやヘッダー画像（メイン画像）と言われる全体の印象を決める象徴的な写真やイラスト等の画像を入れることが推奨されます。また、Webサイトを構成するすべてのページにたどり着けるよう、mainmenuの部分にナビゲーションを設置しています。

2. コンテンツ部とコラム部

実際にWebページの内容を入れていく部分が【コンテンツ部】です。まず、章の見出し（<h2>の部分）を決めてからリード文（概要）を入れるのがよいでしょう。次に、複数の節の見出し（<h3>の部分）を決め、【コラム部】に入れていきます。コラムはテンプレートにあるように、5節程度用意しましょう。

3. フッター部

【フッター部】には、Webページの著作権表示（コピーライト）を入れます。テンプレートには「(c) 2020 JNK4 & JAPIAS」とありますが、「JNK4 & JAPIAS」を自分の名前やチーム名に書き換えるようにしてください。

図2-1 テンプレートの表示画面

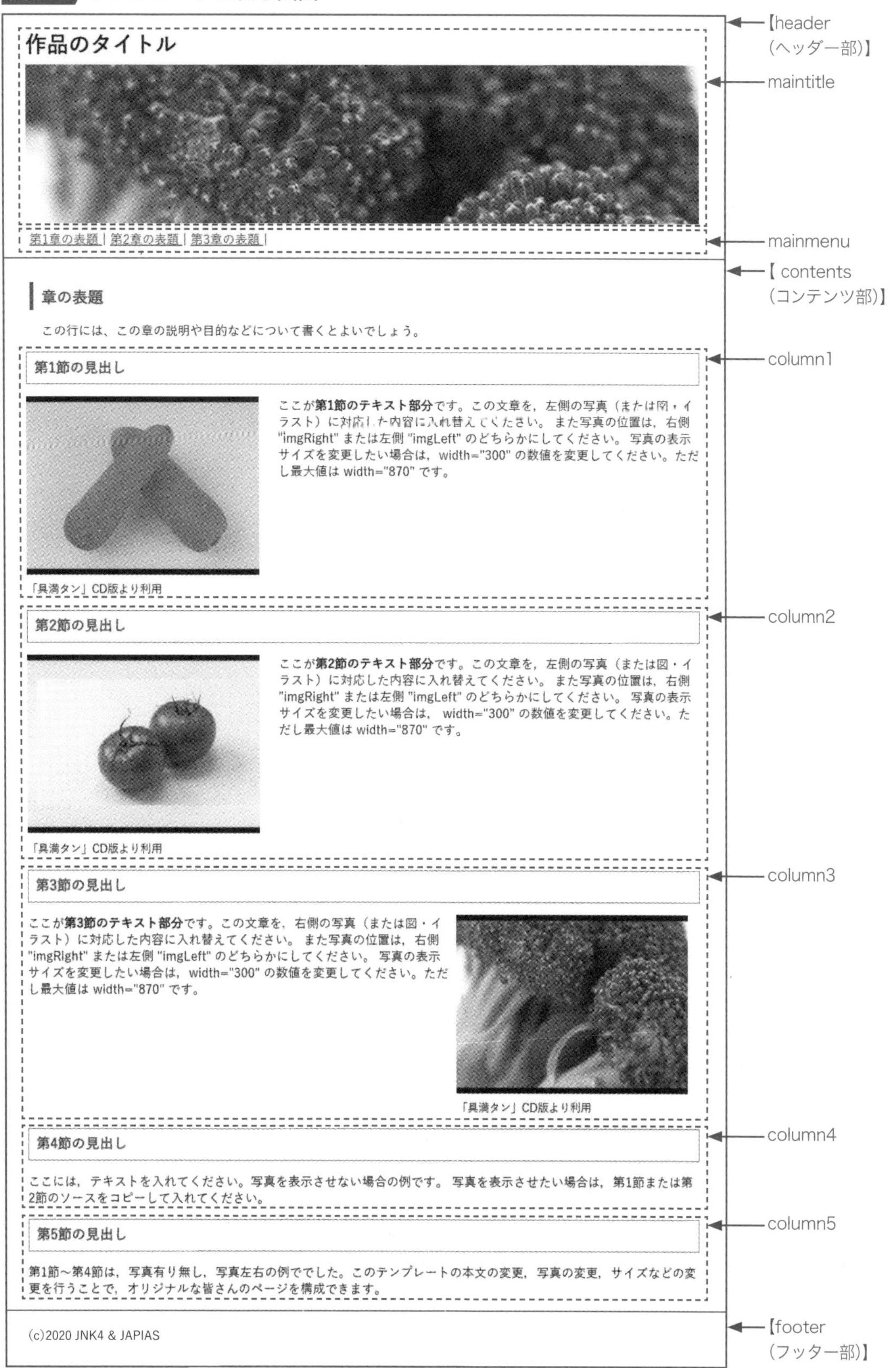

2 タグとブラウザの関係

第1章で本文や写真の変更を体験しましたが、指定に使用したタグはどのような役割をしているのか、改めて解説します。

【コラム部】の節の見出しには<h3>を使いました。<h>には見出しであるという意味があります。つまり、タグを使って文書に「これは節の見出しです」という目印をつけることで、ブラウザがそれを理解しWebページで表示できるようになるのです。

文章、画像、段落などそれぞれの要素にタグを使って目印をつけていくことをマークアップ(※1)といいます。ブラウザが理解できるようにタグで目印をつけて、意味を持たせていることがHTMLの重要な役割なのです。

(※1) マークアップ：文書の各部分が、どのような役割を持っているかを示すために目印をつけること。

3 各部のHTML

「HTMLエディタ」のテンプレートのうち、まず【ヘッダー部】と【コンテンツ部】で使っているタグを見ていきましょう(図2-2①②)。節の見出しの部分には<h3>が、画像には<img>がマークアップされており、さらに<img>には<figure>と<figcaption>がペアでマークアップされています。そしてよく使うのが、段落の意味をもつ<p>です。これらは基本的なタグになるため、覚えておきましょう。

図2-2に、各部のHTMLの表示画面と意味について図解しておきます。細かな内容については、順に説明を深めていきますので、ここでは各部に書いてあることについてだいたいのことを知っておいてください。

図2-2 各部のHTMLの意味

①ヘッダー部のHTML

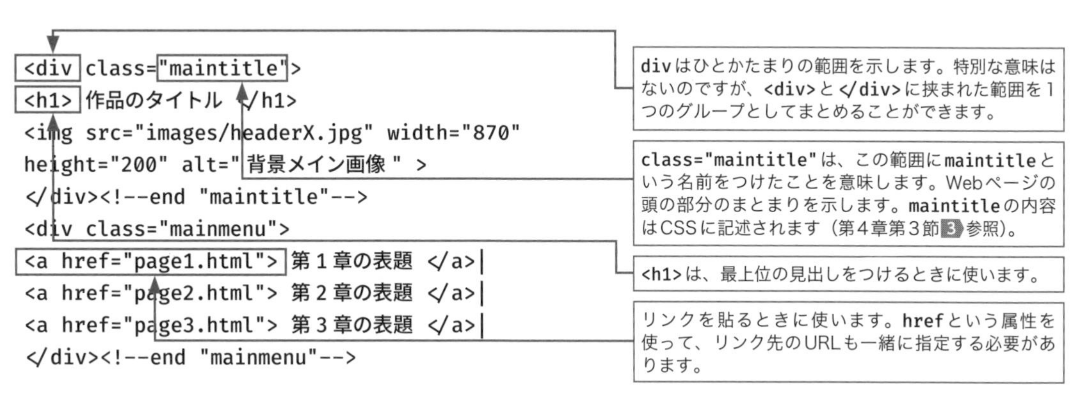

<div class="maintitle">
<h1> 作品のタイトル </h1>
<img src="images/headerX.jpg" width="870"
height="200" alt=" 背景メイン画像 " >
</div><!--end "maintitle"-->
<div class="mainmenu">
<a href="page1.html"> 第 1 章の表題 </a>|
<a href="page2.html"> 第 2 章の表題 </a>|
<a href="page3.html"> 第 3 章の表題 </a>|
</div><!--end "mainmenu"-->
divはひとかたまりの範囲を示します。特別な意味はないのですが、<div>と</div>に挟まれた範囲を1つのグループとしてまとめることができます。
class="maintitle"は、この範囲にmaintitleという名前をつけたことを意味します。Webページの頭の部分のまとまりを示します。maintitleの内容はCSSに記述されます（第4章第3節3参照）。
<h1>は、最上位の見出しをつけるときに使います。
リンクを貼るときに使います。hrefという属性を使って、リンク先のURLも一緒に指定する必要があります。

②コンテンツ部のHTML

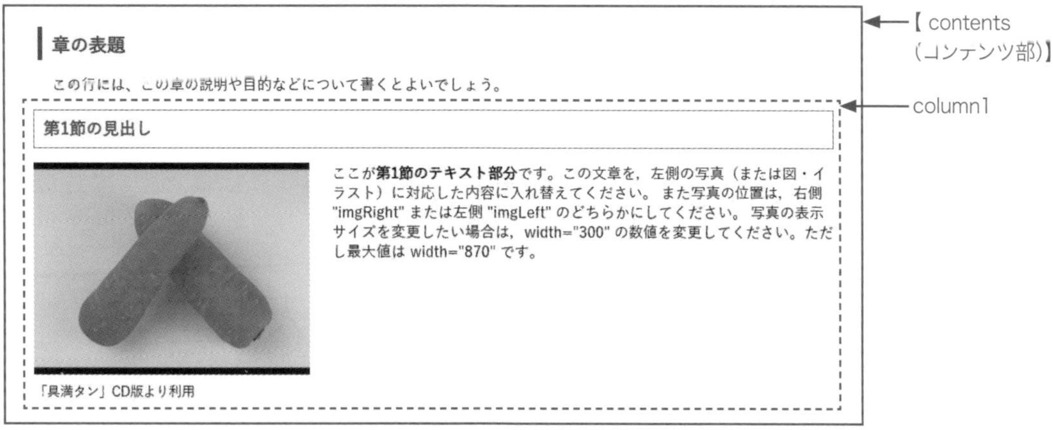

【contents（コンテンツ部）】

章の表題

この行には、この章の説明や目的などについて書くとよいでしょう。

column1

第1節の見出し

ここが**第1節のテキスト部分**です。この文章を，左側の写真（または図・イラスト）に対応した内容に入れ替えてください。また写真の位置は，右側 "imgRight" または左側 "imgLeft" のどちらかにしてください。写真の表示サイズを変更したい場合は，width="300" の数値を変更してください。ただし最大値は width="870" です。

「具満タン」CD版より利用

```
<h2> 章の表題 </h2><!-- 中見出し -->
```

<h2>は中見出しをつけるときに使います。

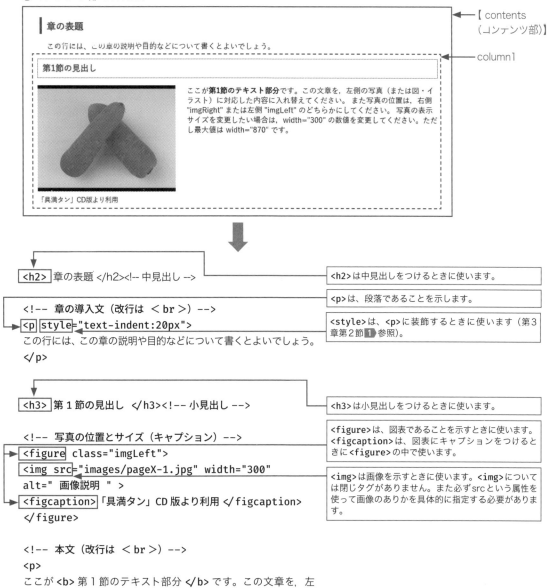

```
<!-- 章の導入文（改行は ＜br＞）-->
<p style="text-indent:20px">
この行には、この章の説明や目的などについて書くとよいでしょう。
</p>
```

<p>は、段落であることを示します。

<style>は、<p>に装飾するときに使います（第3章第2節1参照）。

```
<h3> 第 1 節の見出し </h3><!-- 小見出し -->
```

<h3>は小見出しをつけるときに使います。

```
<!-- 写真の位置とサイズ（キャプション）-->
<figure class="imgLeft">
<img src="images/pageX-1.jpg" width="300"
alt=" 画像説明 " >
<figcaption>「具満タン」CD 版より利用 </figcaption>
</figure>
```

<figure>は、図表であることを示すときに使います。<figcaption>は、図表にキャプションをつけるときに<figure>の中で使います。

<img>は画像を示すときに使います。<img>については閉じタグがありません。また必ずsrcという属性を使って画像のありかを具体的に指定する必要があります。

```
<!-- 本文（改行は ＜br＞）-->
<p>
ここが <b> 第 1 節のテキスト部分 </b> です。この文章を，左
側の写真（または図・イラスト）に対応した内容に入れ替えてく
```

ださい。
また写真の位置は，右側 "imgRight" または左側 "imgLeft" のどちらかにしてください。
写真の表示サイズを変更したい場合は，width="300" の数値を変更してください。ただし最大値は width="870" です。
</p>

③フッター部のHTML

(c)2020 JNK4 & JAPIAS

```
<div class="footer"><!--begin"footer"-->
<p>(c)2020 JNK4 & JAPIAS</p>
</div><!--end"footer"-->
```

【footer（フッター部）】

※テンプレートの第2節〜第5節までの内容は第1節と重複するため、省略しています。

4 「HTMLエディタ」の上部の内容

「HTMLエディタ」の上部には、書き替えることができない部分があります（図2-3 囲み部分）。※ ここには何が書いてあり、どのような意味があるかを説明します。

コンピュータが理解できる言語は、HTMLだけではなく、ほかにもたくさんの種類があります。このため、文書の最初に基本情報を書いておく必要があります。この文書がHTMLであること、使われている文字の種類、ページのタイトルと内容、デザインやレイアウトを決めているCSSファイルのありかなどを最初に書いておくことにより、ブラウザが正しく表示することができます。

※HTMLの最初のいくつかのタグは、Webページの見た目には出てきませんが、ページの基本情報が書いてある大事な部分です。

図2-3 HTMLの上部の内容

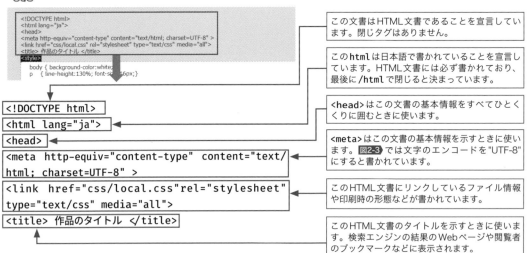

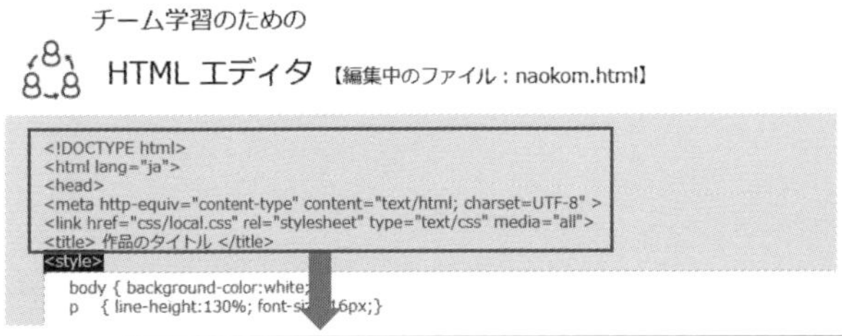

チーム学習のための
HTML エディタ 【編集中のファイル：naokom.html】

```
<!DOCTYPE html>
<html lang="ja">
<head>
<meta http-equiv="content-type" content="text/html; charset=UTF-8" >
<link href="css/local.css" rel="stylesheet" type="text/css" media="all">
<title> 作品のタイトル </title>
<style>
  body { background-color:white;
  p    { line-height:130%; font-si 16px;}
```

```
<!DOCTYPE html>
<html lang="ja">
<head>
<meta http-equiv="content-type" content="text/html; charset=UTF-8" >
<link href="css/local.css"rel="stylesheet" type="text/css" media="all">
<title> 作品のタイトル </title>
```

- この文書はHTML文書であることを宣言しています。閉じタグはありません。
- このhtmlは日本語で書かれていることを宣言しています。HTML文書には必ず書かれており、最後に/htmlで閉じると決まっています。
- <head>はこの文書の基本情報をすべてひとくくりに囲むときに使います。
- <meta>はこの文書の基本情報を示すときに使います。図2-3 では文字のエンコードを"UTF-8"にすると書かれています。
- このHTML文書にリンクしているファイル情報や印刷時の形態などが書かれています。
- このHTML文書のタイトルを示すときに使います。検索エンジンの結果のWebページや閲覧者のブックマークなどに表示されます。

5 CSSの内容

第1章では、CSSの「スタイル部」の内容を書き換えて色や文字のサイズの変更を学習しました。

HTMLのヘッダー内にある<style>と</style>に挟まれた部分には、このページの文字の色やサイズなどが指定されています。本節では、CSSの書き方と<style>の中身について整理します。

CSSには、図2-4のように書き方に決まりがあります。

図2-4 CSSの書き方

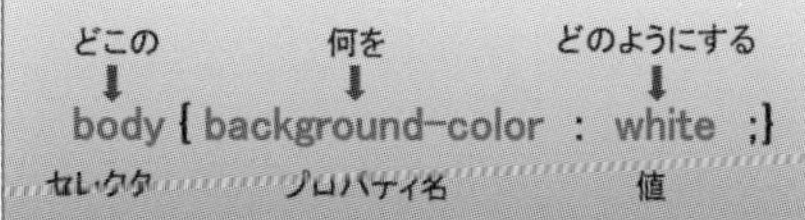

CSSは、セレクタ（どこの）{プロパティ名（何を）: 値（どのようにするか）} の順番で書く

「スタイル部」には、「HTMLエディタ」で書き換えることができるCSSのみを記載していますが、実際には`local.css`というファイルで、Webページ全体のサイズや写真の位置などレイアウトのすべてを指定しています。※

「HTMLエディタ」の「スタイル部」に記述されているCSSの意味（どこの、何を、どのようにするのか）を図2-5に整理しましたので、確認してください。

※`local.css`の内容については、第4章第3節 2 を参照してください。

図2-5 「スタイル部」の内容

```
<style>
body { background-color:white; }
p    { line-height:130%; font-size:16px;}

h1 { margin: 0px 0px 2px 0px;  font-size:28px;color:black; }
h2 { margin:30px 0px 0px 5px;  border-left:solid 5px green; padding:3px 3px 0px 10px;
font-size:20px;color:green; }
h3 { margin:15px 0px 15px 0px; border:solid 1px dimgray;   padding:5px 0px 5px 10px;
font-size:18px;background-color:white;color:dimgray; }
h4 { margin:10px 0px  5px 5px; border-left:solid 5px orange;padding:3px 3px 0px 10px;
font-size:16px;color:orange; }

a      { color:steelblue; }
a:hover { color:tomato; }
figcaption { font-size:14px; }
</style>
```

※たとえば1行目は、
・どこの：bodyの
・何を：背景色を
・どのようにするか：白にする
ということになります。

body { background-color: white; }	背景色は白
p { line-height:130%; font-size:16px;}	行間の高さは130% フォントサイズは16px

h1 { margin: 0px 0px 2px 0px; font-size:28px; color:black; }	範囲の外側の余白は上から時計回りに 0px 0px 2px 0px フォントサイズは28px 文字色は黒
h2 { margin:30px 0px 0px 5px; border-left: solid 5px green; padding: 3px 3px 0px 10px; font-size: 20px; color:green; }	範囲の外側の余白は上から時計回り30px 0px 0px 5px 左側の線をソリッドで5pxで緑色に 範囲の内側の余白は上から時計回り3px 3px 0px 10px フォントサイズは20px 文字色は緑
h3 { margin:15px 0px 15px 0px; border: solid 1px dimgray; padding: 5px 0px 5px 10px; font-size: 18px; background-color: white; color dimgray; }	範囲の外側の余白は上から時計回り15px 0px 15px 0px 線をソリッドで1pxで灰色に 範囲の内側の余白は上から時計回り5px 0px 5px 10px フォントサイズは18px 背景色は白 文字色は灰色
h4 { margin:10px 0px 5px 5px; border-left: solid 5px orange; padding: 3px 3px 0px 10px; font-size: 16px; color:orange; }	範囲の外側の余白は上から時計回り10px 0px 5px 5px 左側の線をソリッドで5pxでオレンジに 範囲の内側の余白は上から時計回り3px 3px 0px 10px フォントサイズは16px 文字色はオレンジ

a { color:steelblue; }	文字色はスティールブルー
a:hover { color:tomato; }	マウスオーバーした時の文字色はトマト
figcaption { font-size: 14px; }	フォントサイズは14px

よく使うCSSプロパティ

表2-1のCSSプロパティ一覧は、本書で取り上げたものを中心にまとめています。掲載しているプロパティは、第1章第4節 2 で紹介した「StyleSheet-Helper」で実際に表示の変化を確認できるものです。

表2-1 CSSプロパティ一覧

利用目的	プロパティ	指定する対象	本書での解説
要素の表示形式	display	セレクタで指定した要素の表示形式	第1章第4節 2
文字（サイズ、色、フォントなど）	font-family	文字の書体	P.35「コラム」
	font-size	文字のサイズ	P.35「コラム」
	color	文字の色	第1章第3節 2
	font-style	文字のスタイル（標準または斜体）	–
	font-weight	文字の太さ	–
テキスト（位置、装飾など）	text-align	水平方向の文字配置（行揃え）	–
	vertical-align	行や表の中での垂直方向の位置揃え	–
	line-height	行間の指定	第1章第3節 3
	text-indent	1行目の字下げ幅	–
	text-decoration	文字列に対する線の装飾（下線や取り消し線など）	第4章第2節3.
要素の大きさ	width	横の幅	第1章第4節 1
	height	縦の高さ	
ボックスデザイン（枠線、色、余白など）	border	ボックスの枠線の種類、太さ、色	
	border-radius	ボックスの丸みのある枠線	
	margin	ボックスの外側余白	
	padding	ボックスの内側余白	
	background-color	ボックスの背景色	

プロパティや設定できる値はたくさんあるため、本やインターネット上で公開されているHTML辞典などを参考にするとよいでしょう。

2-2 写真・画像・動画などの表示を知っておこう

1 テンプレートの修正・追加の発展

テンプレートをそのまま利用するだけでは、作品が単調で同じように見えてしまいます。色の変更のほか、複数の写真やイラストの挿入、動画の掲載など、全体の構成を工夫する必要があります。CSSファイルの少しの変更で、さまざまな表現が可能になります。

本節は、第1章第2節で説明したテンプレートの修正・追加方法の発展です。第1章第2節の説明とあわせて確認し、必要に応じて実際に表示を確かめてください。

2 写真の右寄せ・左寄せ

写真の右寄せまたは左寄せの表示については、「HTMLエディタ」のテンプレートでは、`float:right`、`float:left`という特別なプロパティを利用しています。

図2-6 写真の右寄せ・左寄せ

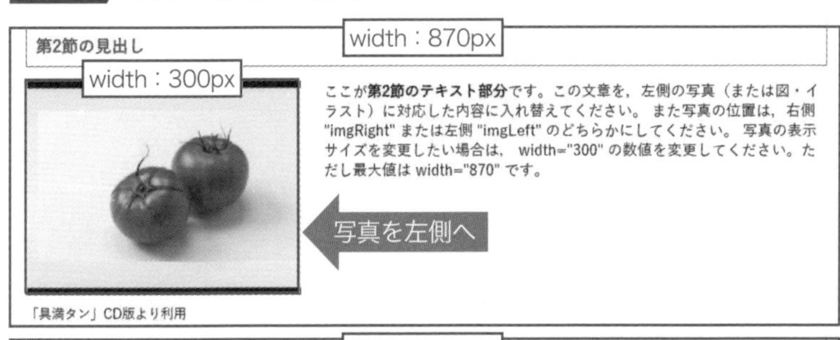

floatは、**right**（右）に表示のスペースがあれば、右寄せで内容を表示させ、**left**（左）に表示のスペースがあれば、左寄せで内容を表示させる指示です（図2-6）。さらに横にスペースがあれば、次の内容をそのスペースに表示させ、スペースがなければ下に表示させます。その結果、写真の横幅が小さかった場合には、横の空きスペースに文章が表示されるのです。

floatを利用した場合、もし、文章が長く横のスペースに入り切らない場合は、そのまま続けて下に回り込んで表示されるようになります。逆に、スペースが埋まらず、次の文章を入れようとすると、そのスペースに続けて表示されます。

横にスペースがあっても無視して下に表示する場合、あるいは、右寄せや左寄せを終了する場合は、<p style="clear:both"></p>と終了宣言を記述しておく必要があります。

テンプレートでは、1つのコラムが終了するたびに自動的に終了宣言が挿入され、コラム単位でデザインがまとまるようになっています。もし、2つ以上の写真を1つのコラムに挿入するなどの場合は、自分で<p style="clear:both"></p>を挿入する必要があります。

3 1つのコラムに複数の画像を入れる場合

1. 画像を横に並べる場合

画像を横に並べる簡単な方法の一つは、あらかじめ複数の写真を横に配置し、1枚の写真に編集して扱うことです。この方法なら、テンプレートのまま何も変更する必要はありません。

しかし、2で説明した写真の**float**プロパティの特性を使い、写真を表示する**<figure>**である**<figure class="imgLeft">**〜**</figure>**を繰り返すことで横に並べることも可能です。この場合、写真は指定されたサイズで左から順に配置されていきます。**<figcaption>**もあわせて入れることができます。なお、写真サイズは3枚とも同じにしておきましょう。

次は、**<figure class="imgLeft">**を横に続けて3つ並べる例です。

html
```
<figure class="imgLeft">
<img src="images/page1-1.jpg" width="200" alt=" ニンジン " >
```

```
<figcaption>「具満タン」CD 版より利用 </figcaption>
</figure>

<figure class="imgLeft">
<img src="images/page1-2.jpg" width="200" alt=" トマト " >
<figcaption>「具満タン」CD 版より利用 </figcaption>
</figure>

<figure class="imgLeft">
<img src="images/page1-3.jpg" width="200" alt=" ブロッコリー " >
<figcaption>「具満タン」CD 版より利用 </figcaption>
</figure>

<p style="clear:both"></p>
```

ただし、最後の行に`<p style="clear:both"></p>`を必ず加えてください。加えないと、下に文章があった場合、右側の空きスペースに文章が回り込みます。

ブラウザ上の表示は、次のようになります。

ブラウザで見ると…

「具満タン」CD版より利用

「具満タン」CD版より利用

「具満タン」CD版より利用

2. 1つのコラムに複数個の画像と説明を加える場合

複数個の画像と説明を加えたいというのは、よくあることです。次の写真と記事の本体の記述部分をコピーして、複製するだけで簡単に行えます。このとき、写真を右側に表示したければ、**class="imgLeft"**を、**class="imgRight"**に書き換えます。なお、記事の後に、必ず`<p style="clear:both"></p>`を挿入してください。挿入しないとレイアウトが崩れます。**clear**を入れることにより回り込みが解除されるのです。

html

```
<figure class="imgLeft">
<img src="images/page1-1.jpg" width="200" alt=" 画像説明 " >
<figcaption>「具満タン」CD 版より利用 </figcaption>
</figure>
<p>
ここには、記事 1 を書く
    ・
    ・  ・  ・  ・
</p>
<p style="clear:both"></p>

<figure class="imgRight">
<img src="images/page1-1.jpg" width="200" alt=" 画像説明 " >
<figcaption>「具満タン」CD 版より利用 </figcaption>
</figure>
<p>
ここには、記事 2 を書く
    ・
    ・  ・  ・  ・
</p>
<p style="clear:both"></p>
```

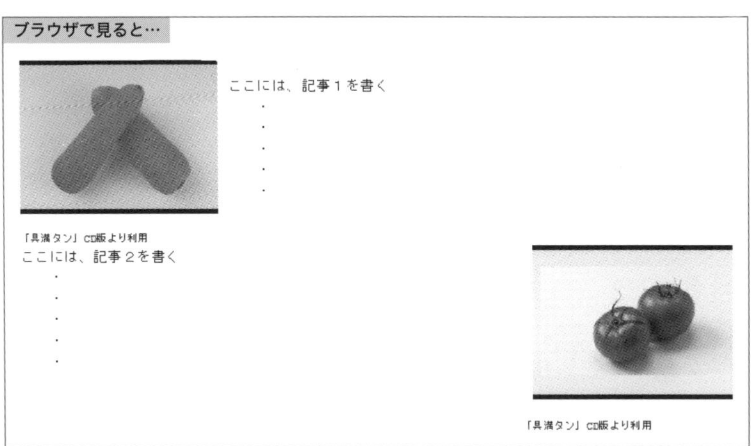

4 図や表を加える場合

解説に図や表を加えると、よりわかりやすくなります。表については**<table>**というタグがあり、複雑な表現ができますが、構造が込み入っているためHTMLでの記述は初心者にはお勧めしません。また、最近はflex（Flexible Box Layout Modle）という便利なレイアウトモジュールも利用されるようになってきました。※

「HTMLエディタ」のテンプレートで図や表を表示する最も簡単

※flexについてはP.93脇注を参照してください。

な方法は、図や表をエクセルなど別のソフトで作成し、ディスプレイの画面をキャプチャーして画像化することです。写真と同様に画像として扱えます。Windowsでは、画面の一部を画像（png）ファイルに切り取るSnippingToolという基本ソフトがあるので、それを使って画像化するとよいでしょう。Macでは、「Shift + Command + 4キー」で同様の操作ができます。

画像化された表やグラフは、縮小したりトリミングしたりしたあと、名前をつけて保存し、写真と同じように次のように表示します。

html
```
<figure class="imgLeft">
<img src="images/xxx.png" width="200" alt=" 画像説明 " >
</figure>
```

5 動画の表示

<video>タグを使用すると、写真と同じように、動画を簡単にWebページで表示することが可能です。写真の場合は、次のように**<img>**タグで示します。

html
```
<img src="images/page1.jpg" width="400" alt=" 画像説明 " >
```

動画の場合は、上記を<video>タグに書き直します。たとえば、**page1.jpg**（写真）の部分を**movie1.mp4**（動画）に入れ替える場合は、次のようになります。

html
```
<video src="images/movie1.mp4" width="400" alt=" 画像説明 " > </video>
```

ただし、いくつかの要件があるため、番号つきの箇条書き（リスト）タグ<ol>と<li>を使って、動画の表示例のところに書いておきましょう。

<video>タグも、**<img>**タグと同様にいろいろな指示ができますが、まずは、次の **html** のように、横幅（**width**）は240px（ピクセル）程度としておき、最後にcontrols controlsList="nodownload" oncontextmenu="return false;" ></video>を挿入してください。※

挿入すると、映像の始めの場面が画面に静止画で表示され、コントロールバーをクリックすると動画が再生されます。また、動画を許可なくダウンロードできなくします。

パワーポイントなどで簡単なアニメを作成して動画化したり、スマートフォンなどで映像を撮ったりして、簡単な編集をして組み込むと、さらに魅力的な作品に仕上がるでしょう。

動画を右側に表示させる場合は、次のとおりです。

※スペルを間違えないように注意しましょう。

html

```
<figure class="imgRight">
<video src="images/mouse.mp4" width="240" controls controlsList="nodownload"
oncontextmenu="return false;"></video>
<figcaption>マウスの動作原理（JNK4　情報機器と情報社会の仕組み　より）</figcaption>
</figure>
<p>【動画掲載の要件】</p>
<ol>
<li>文字では説明しにくい内容に絞り、長くならないようにすること。</li>
<li>mp4 形式とし、動画のサイズやファイル容量をできるだけ小さくすること（最大でも 30MB)。
（別の形式の動画を .mp4 形式に変換するツールやサービスが無償で利用できます）</li>
<li>必ず controls を書いて、自動再生にならないようにすること。</li>
</ol>
```

ブラウザで見ると…

【動画掲載の要件】

1. 文字では説明しにくい内容に絞り、長くならないようにすること。
2. mp4形式とし、動画のサイズやファイル容量をできるだけ小さくすること(最大でも30MB)。
(別の形式の動画を.mp4形式に変換するツールやサービスが無償で利用できます)
3. 必ずcontrolsを書いて、自動再生にならないようにすること。

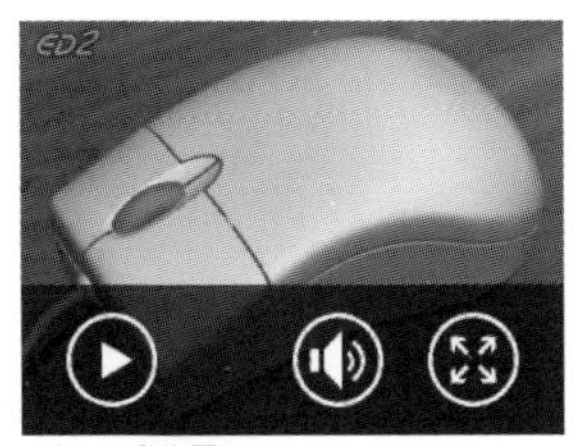

マウスの動作原理
(JNK4 情報機器と情報社会の仕組み より)

第3章

チームで分担・協力して1つの作品を作ろう

CHAPTER 3

» チーム学習をスタートする前に

1 「HTMLエディタ」の使い方

1ページのWebを作成する方法は、第1章・第2章で学習できたことと思います。続いて、複数のページで構成されるWeb作品を協力して作っていきましょう。

チーム学習では、メンバー間でのコミュニケーションとファイル内容の確認や差し替えなどが必要になります。「HTMLエディタ」にはそれを支援する便利な機能が用意されています。まず、機能を利用するための準備について説明します。

1. チーム学習のスタート

本章からは、マイページの右側にある「共同学習（チーム学習）」から「HTMLエディタ」を実行します（図3-1）。

チーム学習をスタートするためには、「班長」がマイページで「HTMLエディタ（チーム学習用）」の「チーム学習を開始する」アイコンをクリックする必要があります。それまでは、「HTMLエディタ（チーム学習用）」はクリックできないようになっています。もしも動作しないようなら、「班長」に伝えて「チーム学習を開始する」アイコンをクリックしてもらいましょう。

チーム学習用の「HTMLエディタ」では、共同で作品が作れるように、表3-1の機能があります。

図3-1 「HTMLエディタ」の共同学習（チーム学習）の画面

2.共同学習（チーム学習）
学習時間の目安：6時間
チームメンバーとコミュニケーションをとりながら，チームで1つのWebサイトを作っていきます。
クリック
Web教材（第4回～最終回）
HTMLエディタ（チーム学習用）
▲HTMLエディタ（チーム学習用）は、まだ利用できません。メンバーの全員が、個人学習を終了したことを確認後、班長が【チーム学習の開始】を宣言すると、利用できるようになります。
チーム学習を開始する（班長のみ有効）
まず「班長」がクリック

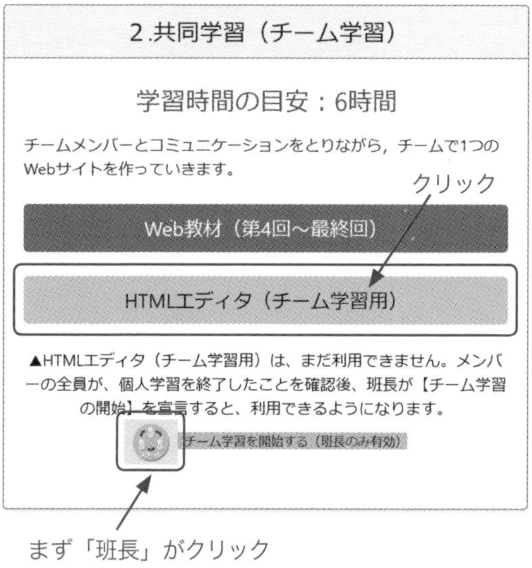

表3-1 共同学習（チーム学習）の機能

分担表	メッセージボードの右側に表示されているアイコン。クリックすると、Webサイトの構成と担当者がわかるようになっている。担当を変更する、ページ数を増やすなどは、「班長」がこのアイコンで変更する。	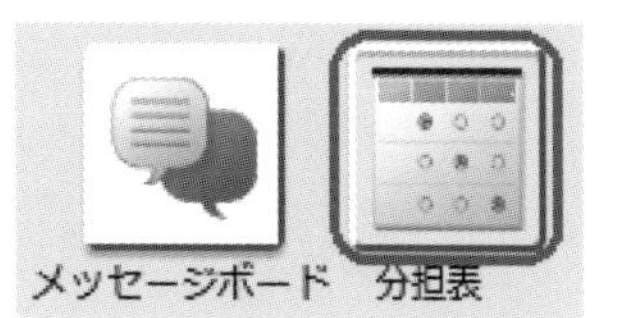
他ページ情報の参照	「▼節の追加・画像の挿入」の下に、「▼他ページ情報の参照」が表示される。他のメンバーのWebページを確認したり、共同作品として統一したデザインに仕上げたりするときに使う。 ※実際の使い方は、P.74「コラム：他ページ情報の参照」で説明しています。	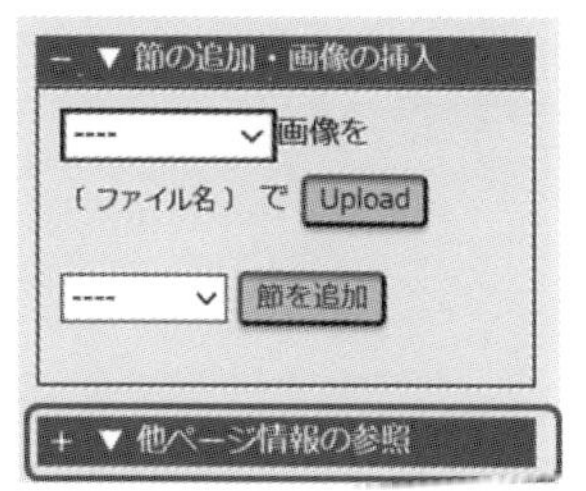

2. メッセージボードの使い方

「HTMLエディタ」には、チームのメンバー間で利用できるメッセージボード機能も用意されています（図3-2）。

メッセージボードは、それぞれのメンバーの進行状況の報告や相互評価、共有スタイルの検討などに活用してください。

チームのメンバーが同じ教室で作業している場合は直接のコミュニケーションが可能ですが、遠隔地での共同作業の場合や作業時間がメンバーによって異なる場合など、直接のコミュニケーションが難しい場合、メンバーだけに閉じられたメッセージボードが役立ちます。

メニューの最上部にある吹き出しマークをクリックすると、テキストメッセージを送り合えるウィンドウが表示されます。また、「HTMLエディタ」を利用していない間にメッセージが投稿された場合、ログインすると吹き出しマークが黄色に変わり、横に小さい数字が表示されています。これは、新しいメッセージ投稿があることを意味しています。発信人のほか、メッセージが送られた日時を確認できるのも便利です。

Web作成にあたっては、構想段階が最も大事です。構想段階で十分検討したかどうかが、作品のよしあしが決まる重要なポイントになります。お互いのイメージが共有できるまで話し合ってください。遠隔地の場合は、メッセージボード、場合によってはビデオ会議などを大いに活用しましょう。

吹き出しマーク

図3-2 メッセージボードの機能

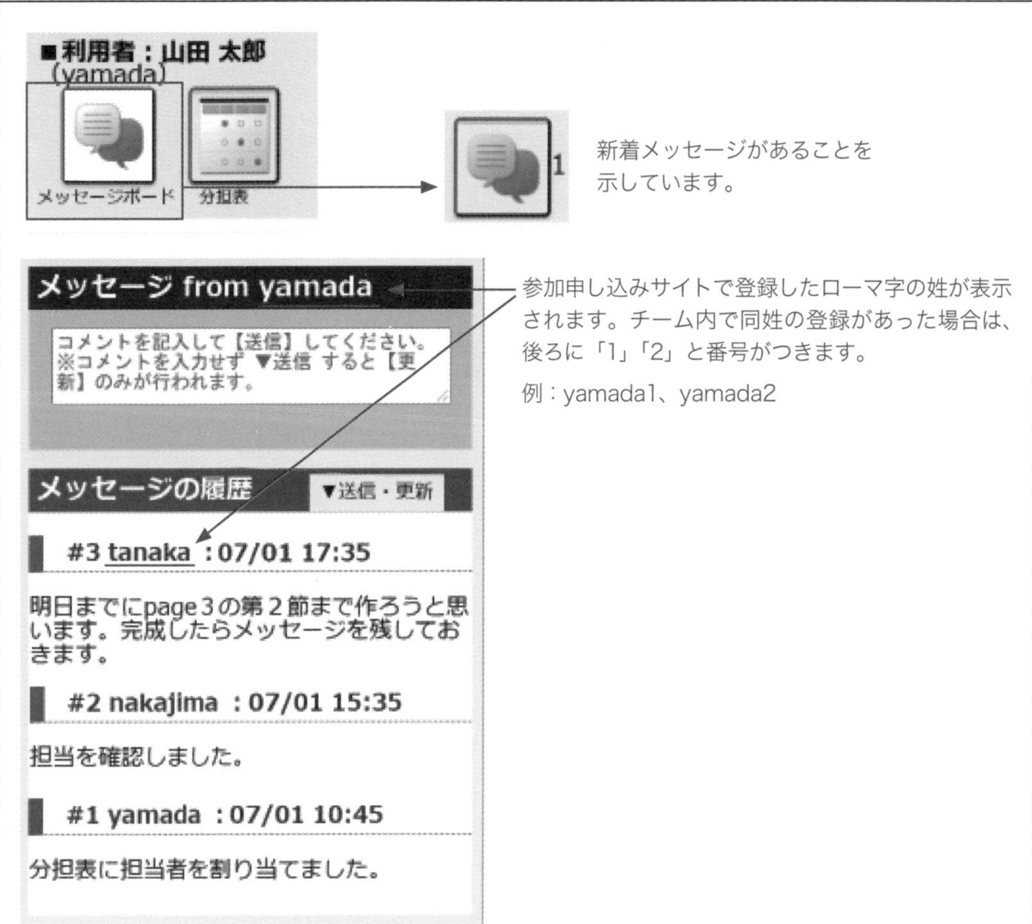

3-1 テーマを決めて役割分担をしよう

1 テーマの決定

テーマ決めは非常に大切です。せっかくチームで協力してWeb作成をするのですから、時間を十分にかけて、よいテーマを考えましょう。おもな留意点は、次のとおりです。

①話題性があり、自分たちも興味があり、他の人も詳しく知りたいと思われるテーマにする。

②全体を4〜5章（ページ）に分け、1章あたりを4〜5節に分けて、多様な視点で説明したり図解したりできる内容を選ぶ。

③自分たちで、写真を撮ったり、図を書いたりして解説できる内容を選ぶ。

内容としては、たとえば次のようなものが考えられます。

●何かを紹介するもの
- 新しくできた施設とその利用方法の紹介
- 地域の特産や観光スポットの紹介
- 歴史上の人物とその業績の紹介

●実験や観察、調査の結果を報告するもの
- 植物・動物の成長観察記録
- 自分たちの仮説実験の記録と結果
- 生徒や学生への意識調査やインタビュー調査

●何かのやり方やルールを説明するもの
- 機器やソフトの使い方と注意
- 誰でもできる手品のやり方の解説
- 「個人情報の保護に関する法律」の内容と説明

2 章の構成や表題の決定

Web作成は、本（1つの冊子）を作るようなものです。章立てはよく考えて、そのテーマで伝えたいことを質・量ともにバランスよく配置することが重要です。

テーマをそのまま文字で表現しても、閲覧者には魅力的には見えません。内容を具体的に考える前に、内容を見たくなる表題や見出しを考えましょう。たとえば表題は、次のように表現を工夫します。

●紹介や報告の場合
→　○○の不思議　○○の秘密　○○とは何か
　　なぜ○○は起こるのか　○○の成長のすべて
●方法やルール説明の場合
→　○○入門　どうすれば○○は使えるのか

もちろん、表題から期待されるような内容を充実させることが求められます。表題負けしないように、章立てや節の見出しを考えるようにしてください。

自分たちが知っていることだけでなく、本で調べたり、Webで検索したりして、記事がまとまりそうかについても章立ての段階で確認しておく必要があります。

3　役割分担の決定

Webページは、メンバー全員で内容を検討します。しかし、Webページ作成は、一人ひとりが別々に作業することになります。具体的には、担当ページを決めたら、各自が自分のパソコンでページを仕上げ、すべてのページができあがったら、最後に全体を1つのWebサイトに仕上げます。「HTMLエディタ」は、その作業を支援できるようになっています。

ページの構成に必要な写真や図、文章は、ページ担当の人が責任をもって考え、作成します。1ページは、通常、4〜5節になるように節立てをすると、まとまりのあるページが作れます。

実際に作り始めてから、担当のページの内容が多すぎたり少なすぎたりするようなら、チームで相談して、ページの割り振りを決め直しましょう。たとえば、紹介記事の場合、歴史・利用法・効果・発展や用語説明などに分けると、全体としてまとまりのあるものになります。

役割を決め、全体の構成内容が確定したら、企画書にまとめてメンバー全員で共有しておきましょう。

コラム index.html（表紙）と sitemap.html（巻末目次）

本格的なWebサイトには、各ページとは別に、表紙にあたるページ（**index.html**）と、巻末目次にあたるサイトマップ（**sitemap.html**）があります。表紙はまさに、このサイトを閲覧する始めのページで、ホームページの語源にもなっているものです。このサイトがどのような目的で誰に向かって発信されたものか、内容の概略や要点などが書かれます。本書の演習では、**page1.html**が始めの紹介ページの役割を果たしてもよいのですが、あえて**index.html**という名前をつけているのは、サイトへのURLでファイル名を指定しなくても、サーバには自動的にこのページ（**index.html**）が開く仕掛けがあるからです。

演習では、各ページのヘッダーや全体のデザインがある程度統一されているため、表紙も同じようなデザインで構成する場合は、作成してみてもいいでしょう。誰が担当するかは、作成を始めたあとで決めても問題ありません。もしも表紙は大きくデザインを変えたい場合は、スタイルのことをもう少し勉強したあとで、オリジナルなものを作成して追加すればよいでしょう。

サイトマップ（**sitemap.html**）は、複数ページで構成されるWebサイトには絶対に必要です。本格的なサイトでは、全体像がどのようになっているのか、必要な情報がどこにあるのか、わからなくなるからです。本書の演習の規模では絶対に必要ということはありませんが、それほど時間はかかりませんので、勉強として班長を中心に作成するようにしましょう。※

※**sitemap.html**の作成方法は、第3章第2節 4 で解説します。

4 役割分担の登録

表3-1 で紹介した「HTMLエディタ」の〔分担表〕をクリックすると、図3-3（3名での登録例）のようになっていて、「班長」と「班長」以外のメンバーで画面が異なります。

図3-3 分担表の画面（3名での登録例）

「班長」

作品のページ構成
index.html ← 作成する場合はチェックしてください
sitemap.html ← 作成する場合はチェックしてください

page*.htmlの数: 3 ▾　各ページの編集者 対応表

Chief	氏名	page1	page2	page3
◉	member1	◉	○	○
○	member2	○	◉	○
○	member3	○	○	◉

▲ 対応表を変更・登録する

「班長」以外のメンバー

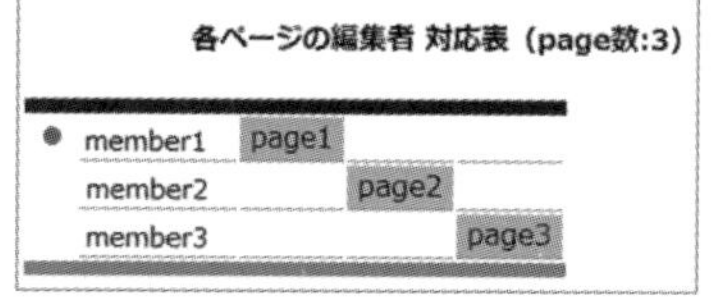

氏名は参加申込み時の登録順にローマ字で表示され、「班長」は「Chief」欄に●印が付いています。

〔分担表〕の操作はすべて「班長」が行います。ページ構成やチームの状況に応じて、**表3-2** の操作を行いましょう。

表3-2 〔分担表〕の操作

<table>
<tr><td>（1）担当者を割り当てる</td><td>①担当するページにチェックを入れ、②「▲対応表を変更・登録する」ボタンをクリックする。</td><td>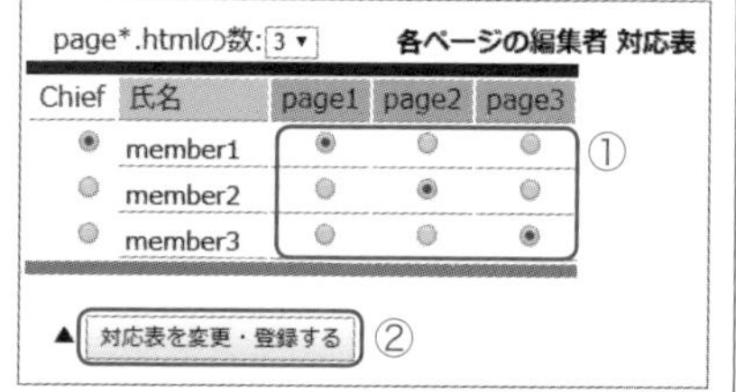
</td></tr>
<tr><td>（2）ページ数を増やす</td><td>〔分担表〕を2回操作する。

1）増やすページを登録する
index.html（表紙）、sitemap.html（巻末目次）はそれぞれチェックを入れ（③）、表紙と巻末目次以外のページはリストから最終的なページ数を選び（④）、②「▲対応表を変更・登録する」ボタンをクリックする。
※「page*.htmlの数」とは、追加したいページ数ではなく、最終的に作成するページ数を意味します。

右図の例では、index.html、page4.html、sitemap.html が新たに登録されている。担当者の割り当てが必要なページはindex.html、page4.htmlのみで、sitemap.htmlは割り当てが不要なことに注意する。</td><td>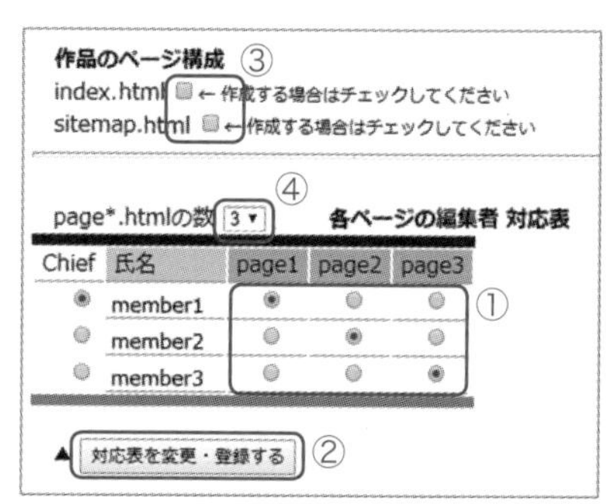

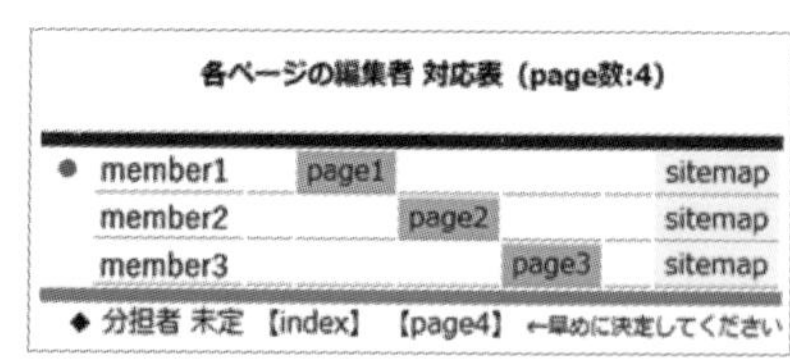
</td></tr>
</table>

<table>
<tr><td>(2) ページ数を増やす</td><td>

2) 担当者を割り当てる

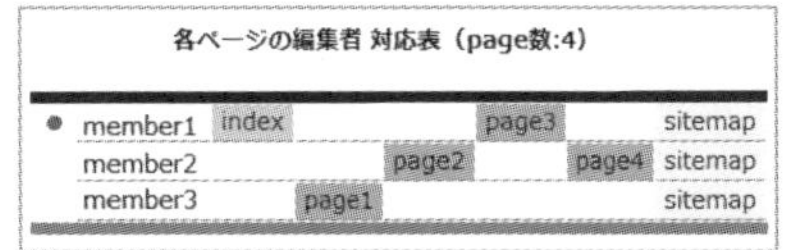

〔分担表〕に戻って、1）と同様に、①増やしたページに担当者を割り当て、②「▲対応表を変更・登録する」ボタンをクリックすると「各ページの編集者　対応表」が更新される。「班長」以外のメンバーの〔分担表〕にも同じ情報が更新されていることを確認する。

上図の例では、member1にindex.htmlとpage3.html、member2にpage2.htmlとpage4.html、meber3にpage1.htmlが割り当てられ、sitemap.htmlは共同編集であることが示されている。

</td></tr>
<tr><td>(3)「班長」を交代する</td><td>

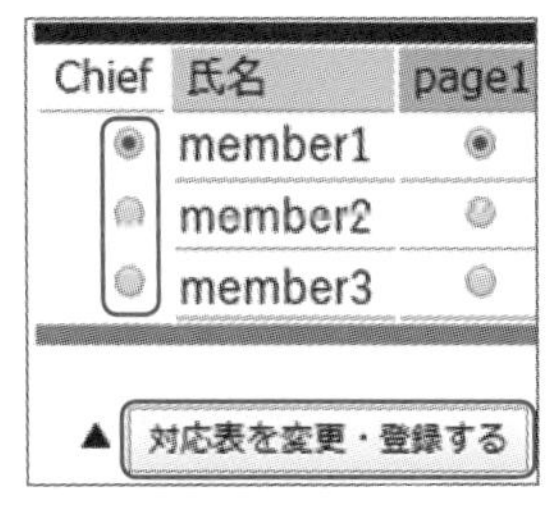

〔分担表〕の他のメンバーの「Chief」欄にチェックを入れ、「▲対応表を変更・登録する」ボタンをクリックすると、「班長」が他のメンバーに変更され、登録される。

</td></tr>
</table>

5 著作権のルールを守る

内容を充実させるため、知っていることを書くだけでなく、専門書や辞書、資料などで調べて、記事をまとめることが重要です。このとき、著作権のルールを守る必要があります。

1. 文章の著作権

いろいろなものを参考にして文章を書くことになりますが、他のWebページの内容をコピーして貼り付けるcopy&paste（コピペ）は禁止されています。ここでいう「参考にして文章を書く」とは、図書や新聞や、ほかの人がWebページに公開している文章を読むことを通して、自分の考えを広げてまとめることを指しています。たとえば、コピペではないからと「ですます調」を「である調」に変更するなどの行為は、「参考にして文章を書く」ことになりません。参考にした内容は、十分考え理解して、自分の言葉で文章を書きましょう。

また、参考にした図書やWebページは、参考文献として最終のページにまとめて記述することになりますので、著者や参考箇所を記録しておきます。

もし、内容から見て、そのままコピペする必要があった場合は、引用として扱えば可能です。引用の場合は、次のルールを守らなければなりません。

①必要最小限とすること

②引用部分を段下げや文字色を変えて、わかるようにすること

③どこから引用したか、文章の下部に書き示すこと

引用のルールを守らずにコピペして作品を公開した場合、盗用あるいは剽窃（ひょうせつ）として、著作権の侵害に問われることがあります。

2. 写真・図・イラストの著作権

インターネット上に著作権フリーで公開され、利用が承認されている写真やイラストなどはそのまま使用できます。しかし、その場合も、利用の範囲の規定が記述されていますので、確認したうえで利用しましょう。また、図を自分で書いた場合でも、誰かの作品（アイデア）を丸写しした場合は、著作権上問題になることがあります。参考にした資料は、必ず記録しておきましょう。

なお、写真を自分で撮影して解説に利用することは、多いに奨励されます。ただし、被写体に個人を特定する情報が写っていないか、撮影禁止の内容が含まれていないかなどを確認しておきましょう。著作権上の問題はありませんが、それ以外の権利侵害となる場合があります。

6 アクセシビリティのガイドライン

Webサイトで情報を発信するということは，世界中の誰もが閲覧できる状態になるということです。自分の想定しない人が見る可能性もあります。たとえば、障害のある人が見るかもしれません。このため、Webページは、誰でも見に行くことができ、誰が見ても情報が伝わるよう、アクセシビリティ[※1]に配慮して作成・発信しなければなりません。

Webページのアクセシビリティには、WCAG2.1[※2]とJIS X 8341-3：2016[※3]というガイドラインがあり、公的な機関では、これらのガイドラインに準拠したWebサイトを作成しています。Webサイトの閲覧者が多岐にわたればわたるほど、アクセシビリティを意識したWebサイト作成がますます重要になります。

たとえば、全盲や弱視などの視覚障害者が情報にアクセスする場合もあります。その場合、視覚障害者は、音声読み上げソフトを利用してWebページに書かれたテキストをソフトに読ませ、その内

（※1）アクセシビリティ： 機器やソフトウェア、システム、情報などが身体の状態や能力の違いによらず、同じように利用できる状態や度合いを指す。

（※2）WCAG2.1： WCAGは、Web Content Accessibility Guidelinesの省略表記。世界中で広く利用されているガイドラインであり、W3C（World Wide Web Consortium）のアクセシビリティ関連の活動を行う組織によって策定されている。

P.104「リファレンス」参照
● Web Content Accessibility Guidelines（WCAG）2.1

（※3）JIS X 8341-3：2016： 「高齢者・障害者等配慮設計指針－情報通信における機器，ソフトウェア及びサービス－第3部：ウェブコンテンツ」が正式名称であり、JIS（Japanese Industrial Standards；日本工業規格）として定められている。なお、8341は「やさしい」の語呂合わせになっている。

P.104「リファレンス」参照
● JIS X 8341-3：2016解説

容を聞いて理解します。このとき、音声読み上げソフトは、作成者がマークアップしたHTMLのソースを音声化して読み上げていきますが、画像や動画などは読み飛ばします。このため、画像を配置したときは、近くに説明文を簡潔に入れておき、読み上げられるようにする配慮も必要です。弱視の人向けには、文章を読みやすくするため読みやすいフォントを選んだり、背景色と文字色の濃淡に差をつけておいたりすることが求められます。また、男性の場合、3～8%もいるといわれる色覚異常者に対する配慮も不可欠です。ガイドラインには、どのような対応をすればアクセシビリティの高いサイトになるのかの基準が書かれています。

演習 3

所要時間 2～4時間

1人1ページを仕上げよう

Webページの作成では、全体を見直して何度も書き直すことが通常です。演習3では、まず、1人ひとりが、自分の担当ページのHTMLに、文章や写真・イラストなどを指定して、1ページを完成させます。 このとき、本節 5 で述べた著作権のルールを守るようにしてください。

完成後、色、写真の位置や大きさ、見出しの大きさ、デザインなどを確認し、担当ページに合ったものに書き直してください。各ページができあがったら、足りないところや無駄なところがないか、見やすいデザインかなど、メンバー間で評価し合って、さらに各自のページを書き直しましょう。1人1ページを仕上げる段階で、各ページを充実させることが最も重要です。

まだメニュー（他のページへのリンク）に意識を向ける必要はありません。それぞれのページを完成させることに集中しましょう。

コラム 他ページ情報の参照

「HTMLエディタ」では、お互いのページを確認し合ったり、他のメンバーのページから、気に入った【スタイル部】や【ヘッダー部】を自分のページの該当部分に差し替えたりすることが、簡単にできるようになっています。※

「HTMLエディタ」のメニューの一番下にある「▼他ページ情報の参照」を操作します。タイトルしか表示されていない場合は、左上の「+」をクリックすると、枠内にボタンが出てきます（図3-4）。

※差し替える方法は、第3章第2節で解説します。

図3-4 他ページ情報の参照

①参照できるページがない場合

– ▼ 他ページ情報の参照

参照できるページは、
まだ保存されていません。

②参照できるページがある場合

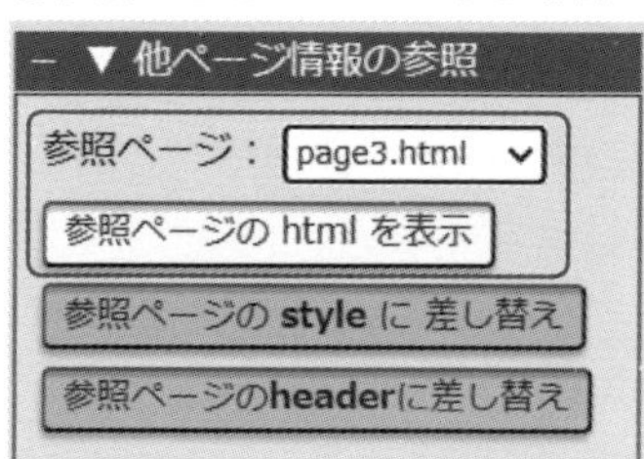

自分以外のメンバーが担当するページを保存することで、図3-4 ①から②のような表示に変わります。

参照するページを選択し、〔参照ページのhtmlを表示〕をクリックすると、他のメンバーが編集しているWebページが表示されます。

すべてのWebページが整ったら、各ページを1つにまとめて統一感を持たせる作業に入ります。

3-2 Webページを1つにまとめよう

1 デザインの統一

用意されたテンプレート（page*.html）を書き換えることで、見やすくてきれいなWebページになってきたことでしょう。各ページがほぼ完成したら、1つにまとめて作品に仕上げましょう。

1. デザインの検討

まず、メンバー間でお互いのページのデザインを評価し合って、※自分たちの作品には、どのデザイン、色、文字の大きさがバランスよく、読みやすいか、検討してください。

言い換えると、page*.htmlの<style>と</style>に挟まれた【スタイル部】に書かれているbody、h1、h2、h3、pなどのスタイルについて、どのメンバーのものをチームとしての共通のスタイルにするかを決めていきます。

ヘッダーが未完成で、ページ移動が簡単ではない場合もあると思います。スタイルの統一段階では、まだヘッダーにこだわらず、P.74「コラム：他ページ情報の参照」で説明した〔参照ページの<html>を表示〕をクリックすることで、お互いのページを見比べるとよいでしょう。

※ここからの操作は、チームで話し合いながら行います。

2. 【スタイル部】の書き換え

チームとしての統一案が決まったら、自分の担当ページの【スタイル部】を、次の手順で書き換えます（図3-5）。

図3-5 page2.htmlをpage3.htmlのスタイルに差し替える例

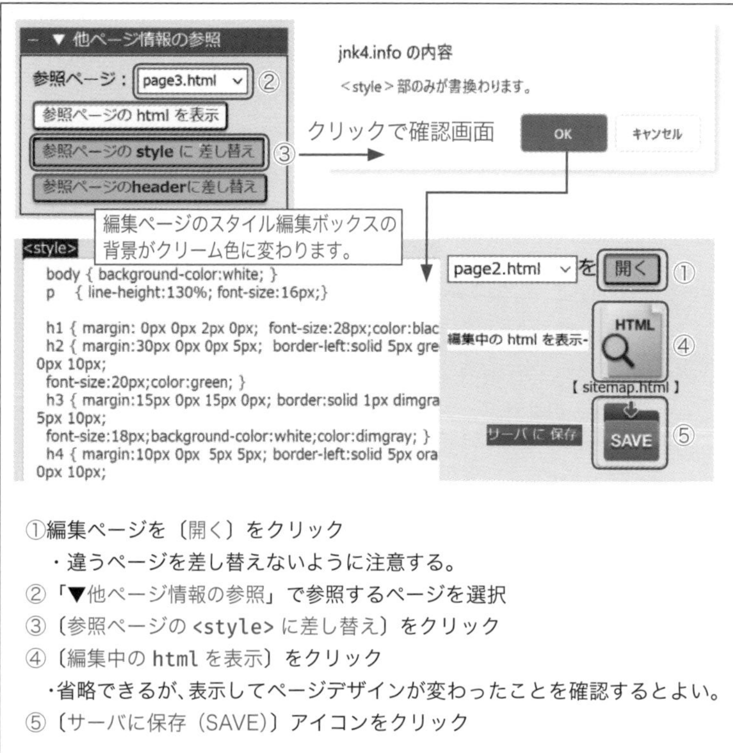

①編集ページを〔開く〕をクリック
・違うページを差し替えないように注意する。
②「▼他ページ情報の参照」で参照するページを選択
③〔参照ページの <style> に差し替え〕をクリック
④〔編集中の html を表示〕をクリック
・省略できるが、表示してページデザインが変わったことを確認するとよい。
⑤〔サーバに保存（SAVE）〕アイコンをクリック

3. 各ページの調整

新しいデザインで各ページがわかりやすく見られるか確認してください。もし、よくない部分があったら、文章や写真の大きさを直すか、基本デザインを見直すかして調整しましょう。文章を読みやすく調整するためには、次のような工夫が可能です。

- 該当ページあるいは節だけ、全体の背景色を変える
  `<body style="background-color:《色》">`
- ある範囲だけ、文字を太字にしたり下線をつけたりする
  文字：`<b>～</b>` で囲む　下線：`<u>～</u>` で囲む
- 改行する
  `<br>` を入れる
- ある範囲だけ、文字の色を変更する
  `<span style="color:《色》">～</span>` で囲む

それぞれのページの調整ができたら、次はメインメニューを整えていきます。

2 メインメニューの作成

「HTMLエディタ」では、メインメニューは、**<div class="header"></div>**で挟まれた【ヘッダー部】に書かれており、初期状態は次のようになっています。

html
```
<div class="maintitle">
<h1> 作品のタイトル </h1>
<img src="images/headerX.jpg" width="870" height="200" alt=" 背景メイン画像 ">
</div> <!--end "maintitle" -->


<div class="mainmenu"> <!--begin "mainmenu"-->

<a href="page1.html" > 第 1 章の表題 </a>|
<a href="page2.html" > 第 2 章の表題 </a>|
<a href="page3.html" > 第 3 章の表題 </a>|

</div> <!--end "mainmenu" -->
```

初期状態のメインメニューは、チームメンバーの登録人数や作成ページ数によって変わります。上記の例は、3ページ（**page1**、**page2**、**page3**）の場合です。

始めの4行（メインヘッダーの部分）を画面表示すると、次のようになります。

ブラウザで見ると…

2行目の**<h1></h1>**で挟まれた部分が「作品のタイトル」と表示され、3行目がその下の画像を表示するように書かれています。

また、残り（メインメニューの部分）は、次のような表示になります。

ブラウザで見ると…

第1章の表題 | 第2章の表題 | 第3章の表題 |

`<a href="page＊.html">～</a>`は、～部分をクリックすると、`page＊.html`にハイパーリンクするという意味です。上記の例では、各章の表題が`<a>`タグでくくられていますので、文字列をクリックすると各ページのHTMLファイル（Webページ）に移動することになります。

さて、`<div class="header">～</div>`で挟まれた【ヘッダー部】で修正するところは次の3つです。

①`h1`の作品のタイトルを、チームの作品のタイトル名に書き換える。
②背景の写真を、チームのテーマにあったものに入れ替える。※
③各章の表題を、それぞれのページの表題に書き換える。

途中でページの構成を変える場合は、メンバーで話し合いながら、メインメニューの数とメニュータイトルを整えていきます。【ヘッダー部】は、最終的には、表紙以外のすべてのページで同じにしなければ、統一感のあるWeb作品にはなりません。

チームとして統一した【ヘッダー部】が決まったら、1 で述べた【スタイル部】の統一と同じ要領で、今度は〔参照ページのheaderに差し替え〕をクリックし、自分の担当ページの【ヘッダー部】を書き換えます。図3-6 は、page3.htmlの【ヘッダー部】の内容を自分の.htmlに取り入れる場合の例です。

※メイン画像を入れ替えるときは、レイアウトが崩れないよう、画像サイズを縦200px（ピクセル）×横870pxとするといいです。

図3-6 【ヘッダー部】の差し替え

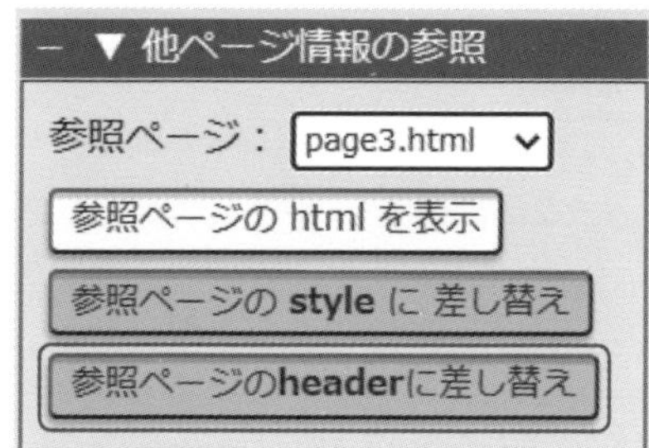

3 ページリンクの設定

2 では、ページとページを関連づけるハイパーリンクの学習をしました。ページの中の文字列をクリックすると別のページへ移動する設定のことを、「リンクを貼る」と表現することも多いですが、リンクの設定書式とリンクの貼り方について再確認しておきましょう。

まず、リンクの設定書式は、次のとおりです。

忘れないように注意（半角で入力）

```
<a href="リンク先の情報"> リンクを貼るキーワード </a>
```

リンク先の情報としては、次の3つがあります。

1. 同一サイト内の別ページへのリンク
2. 同一ページ内の別の場所へのリンク
3. 外部サイトへのリンク

1. 同一サイト内の別ページへのリンク

リンク先情報は、ファイル構成によって変わります。図3-7のようなファイル構成の場合、**page1.html**の「第2章の表題」をクリックすると**page2.html**へ移動するように設定するには、次のように指定します。

html
```
<a href="page2.html">第2章の表題</a>
```

図3-7
ファイル構成の例

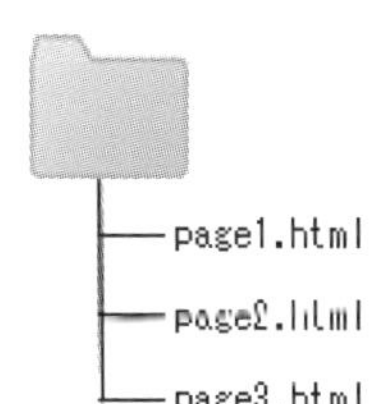

2. 同一ページ内の別の場所へのリンク

page1.html内で「第1節の見出し」の位置へ移動するように設定するには、次のように指定します。

html
```
<a href="#c1">第1節の見出し</a>
```

これを実現するには、事前に「第1節の見出し」位置に**id="c1"**というような**id**名（本節4参照）を入れておく必要があります。**#**は「現在のページ」を意味しているため、「同一ページの**"c1"**という名前のついた位置にジャンプしなさい」という意味になります。1ページが長く画面に収まらない場合などによく使われます。

また、1.と2.を組み合わせた書き方が、次項のサイトマップの作成に使われています。

図3-8 別の場所へのリンク

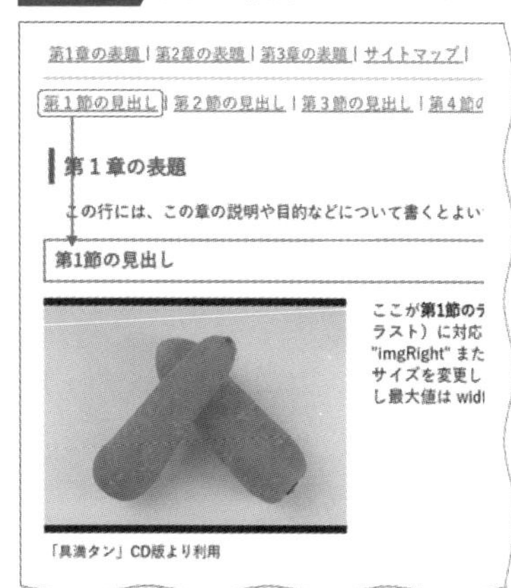

3. 外部サイトへのリンク

外部サイトへのリンクを貼る場合は、リンク先の情報にhttpから始まるURLを記述します。

外部サイトが新しいウィンドウやタブでURLを開くよう 、次のように`<a>`タグ内に`target="_blank"` と入れるのが一般的です。

```html
<a href="http://xxxxxx（目的の URL）" target="_blank"> </a>
```

4 サイトマップの作成

1. サイトマップの仕組み

サイトマップとは、Web全体のページ構成を表示する目次のようなものです。見出しをクリックすると、該当ページや節が閲覧できるようになっているものです（図3-9）。※

※「HTMLエディタ」の共同学習（チーム学習）のHTML編集画面を開くと見えるようになっています。

図3-9 「HTMLエディタ」のサイトマップ

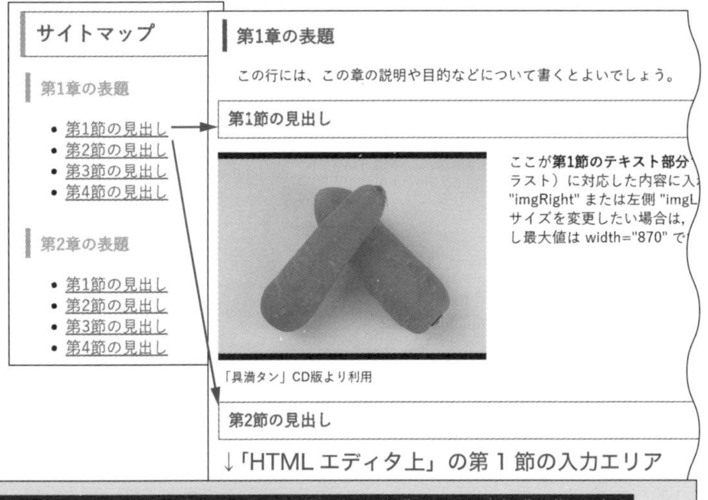


```
<div class="column"><!--begin "column1"--> <a id="c1"></a>
  <h3> 第1節の見出し </h3><!--小見出し-->

  <!-- 写真の位置とサイズ（キャプション）-->
  <figure class="imgLeft"><img src="images/pageX-1.jpg"
  width="300" alt=" 画像説明 " >
  <figcaption>「具満タン」CD版より利用</figcaption></figure>
```

「HTMLエディタ」では、各章（ページ）の節の見出しごとに"c*"という名前がつけられています。次のように、*には数字が入っています。

```html
<a id="c1"></a>
<a id="c2"></a>
<a id="c3"></a>
```

また、sitemap.htmlを開くと、各章の見出しが「HTMLエディタ」の節として扱われていて、たとえば、第1章の表題のところは、次のように書かれています。

```html
<h3> 第 1 章の表題 </h3>
<ul>
<li><a href="page1.html#c1"> 第 1 節の見出し </a></li>
<li><a href="page1.html#c2"> 第 2 節の見出し </a></li>
<li><a href="page1.html#c3"> 第 3 節の見出し </a></li>
<li><a href="page1.html#c4"> 第 4 節の見出し </a></li>
</ul>
```

上記の例では、<a>のリンク先として、page1.html#c1 のように、ファイル名の後に「#名前」がついています。名前をつけると、そのページで <a id="c1"></a> と記述されている位置（正確には<a id="c1"></a>と記述されている行の下）から表示させることができます。つまり、「#名前」で同一ページ内での移動という意味になり、「リンク先ページと同じページ内で"c1"という名前の位置へジャンプしなさい」という指定になります。※

リンクを貼っておくことで、サイトマップの各節の見出しをクリックすると、該当するページの節から表示されるという仕組みになっているのです。

※ページリンクの設定については、第3章第2節 3 で述べたとおりです。

2. サイトマップの仕上げ

サイトマップの仕組みや使われているタグを理解できたところで、実際にサイトマップを完成させていきましょう。

自分が担当するページの「第○章の表題」と「第○節の見出し」の部分を、自分のページに合わせて書き換えていきます。他のメンバーが担当する部分は編集エリアの背景がグレーになっていますので、背景が白の編集エリアのみ、書き換えてください。

サイトマップは、閲覧者にとっても作成者にとっても便利で有用なページになりますので、正しく表示されているか、必ず確かめましょう。特に、途中で見出しを書き換えたり、節を増やしたページがあったりするときは、ページ内容とサイトマップが合わなくなるため、注意しましょう。

Web作品として仕上げるためには、最後にサイトマップの【ヘッダー部】と【スタイル部】を他のページとそろえる必要があります。この作業は「班長」が担当します。

「班長」が`sitemap.html`を開き、「▼他ページ情報の参照」枠内で統一元となるページを参照し、`<style>`と`<header>`を差し替え保存します。

5 全体構成の確認と改善点の話し合い

これまでの作業で、表紙（`index.html`）以外のページができあがりました。※

※すでにindex.htmlを作っているチームは、これですべてできあがりです。

次に、内容を見て、各ページの表記の量やバランス、使用されている図や写真の大きさ、表現のわかりやすさなどについて、改善点を話し合いましょう。改善案が出てきたら、担当者が自分のページを変更します。

また、統一デザイン（【スタイル部】）やメニュー（【ヘッダー部】）にかかわる改善案であれば、まず、誰かのページで変更してみましょう。最後に全員で確認することが重要です。

6 表紙の作成

表紙を作成する場合、各ページとサイトマップが完成したら、最後にチームで協力してデザインしましょう。表紙は、パンフレットの表紙と同じように、見る人に内容の全体像がわかり、かつ、魅力的でなければなりません。利用者が始めに見るのが、表紙であるため、このWebページの目的や利用の仕方、対象者、各ページにはどのようなことが書いてあるのかなどがわかるように、イラストやイメージ写真、キャッチフレーズなどを入れて工夫してください。

演習 4

所要時間 1～2 時間

協力してWebページを完成させよう

まず、各自が作成したページのデザインを評価し合い、自分たちの作品を1つにまとめるには、どのデザイン、色、文字の大きさが、バランスよく読みやすいか、検討してください。

意見がまとまったら、本節の解説にしたがって、共通のメインメニューやスタイルなどを完成させます。

さらに、全体の内容を見て、各ページの表記の量やバランス、使用されている図や写真の大きさ、表現のわかりやすさなどの改善点を話し合いましょう。メインメニューができ上がっているため、お互いのページは簡単に閲覧できます。イラストが得意な人、文章の校閲が得意な人、デザインが得意な人など、それぞれ得意分野のある人たちで協力すると、さらにいい作品に仕上がります。ただし、改善点が出たら、得意な人ではなく、担当者自身でページを変更することになります。

3-3 完成したWebページを発信しよう

1 全員の【フッター部】の統一

【フッター部】は、多くの場合、コピーライトを記述します。「HTMLエディタ」では、「班長」が`sitemap.html`を開き、そこで書き換えた【フッター部】が、すべてのページに反映されるようになっています。

まず、「班長」が`sitemap.html`を開いてコピーライトを入力し、保存します。その後、班長を含めて各自で担当ページを開き、コピーライトを確認したうえで保存し直すと、`sitemap.html`のコピーライトと同じになります。

2 Web作品のダウンロード

全員が満足のいくところまで仕上がったら、作品をまとめて各自のパソコンにダウンロードして完成です。

「班長」がマイページに表示されている 「完成（チーム学習を終了する）」アイコンをクリックすると、チームで作成したファイルすべてをメンバー全員が自分のパソコンにダウンロードできるようになります。

ダウンロードファイルはZIP圧縮形式のファイルで、ファイル名は［チーム登録番号（チームのフォルダ名）］.zipとなっています。

ダウンロードしたファイルをダブルクリックすると、自分のパソコンのディスクトップに、これまで作業していたサーバ上と同じ状態でファイルが展開され、保存されます。

図3-10 は、Webページ3ページ分と`index.html`（表紙）、`sitemap.html`（巻末目次）の5ページ構成の作品フォルダの中身を示しています。

図3-10 ダウンロードファイルの中身

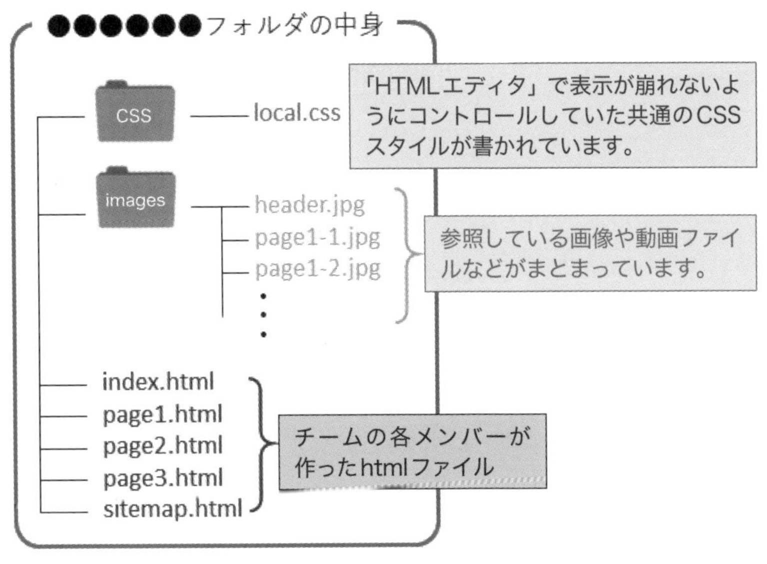

3 ホームページの設定

Web作品を公開サーバにアップロードする場合、URLを公開することになりますが、サーバのドメイン名に加えて、全体のフォルダ名とホームページ（`index.html`）を公開するのが通常です。`index.html`を作らなかったチームは、ホームページにあたるものが`page*.html`ということになりますが、あまりそのような名前で公開することはありません。`sitemap.html`がなくてもWeb作品として公開できますが、`index.html`がない場合は作成する必要があります。

一番簡単な方法は、表紙として最も適切な`page*.html`のファイル名を`index.html`というファイル名にしてコピーすることです。つまり、同じ内容のHTMLファイルが2つあることになります。これにより、公開したURLへの始めのアクセスでは、`index.html`つまり`page*.html`の内容が実行され、その後のページリンクでは`page*.html`が実行されるようになります（図3-11）。※

※サーバごとに、URLの末尾が「/（スラッシュ）」で終わっている場合に自動的に表示させるファイル名が決められています（基礎講座2参照）。

図3-11 page1.html をホームページに設定する場合

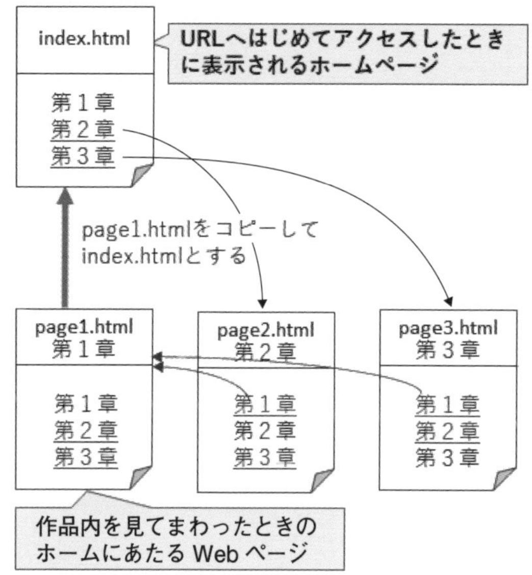

なお、page*.htmlをコピーしてindex.htmlとする場合、ページ内容を更新する際に元になるファイル（ホームページ）をどちらか一方に決めておき、ホームページを更新してから複製するなどチームでルールを決めておくことをお勧めします。

4 WWWサーバへのアップロード

「HTMLエディタ」で作ったWeb作品をチーム以外の人にも見てもらえるようにするには、WWWサーバへWeb作品のファイルをアップロードしなければなりません。ファイルのアップロードには、一般にはFTP（※1）ソフトが必要になります。

FTPの方法については、本書では触れませんので、実行する際は別途調べたり詳しい人に聞いてみたりしてください。

（※1）FTP（File Transfer Protocol）：インターネット上でファイルを転送する仕組み。転送するために使うソフトをFTPソフトという。HTMLやCSSを記述するソフト、たとえばAdobe Dreamweaverなどには、FTP機能が内蔵されているものもある。

5 ブラウザでの表示確認

アップロードできたら、実際にURLをブラウザのアドレスバーへ入力して、正しく表示されているかを確認します。自分のパソコン上では正しく表示されていても、サーバ上では表示されていないという場合は、次のことをチェックしてみましょう。

・作品の入ったフォルダのすべてのファイルがアップロードされているか。

・ファイル名の大文字・小文字は、HTMLの記述とアップロードファイル名とで一致しているか。
・ファイル名に全角文字を使用していないか。

パソコンでは、大文字と小文字を区別せずに扱われる場合もありますが、WWWサーバ上では区別されます。また、日本語全角ファイル名でのリンクも、自分のパソコンでは動いても、WWWサーバ上では使用しないようにしましょう。

「HTMLエディタ」を使って作成した基本的なWebページのダウンロードファイルを利用して、さらにページを充実させ、作品として完成度を高めていくとよいでしょう。

第4章

あると便利な知識 2

4-1 リストを使った装飾方法を知っておこう

1 番号なしリスト (ul) と番号つきリスト (ol)

情報を整理して見やすくする方法として、箇条書きの表現があります。Webページで箇条書きを表現する方法としては、「番号なしリスト（ul）」と「番号つきリスト（ol）」があります。

1. 番号なしリスト（ul）

ul（Unordered List）は、「順序がない箇条書き」という意味です。

「HTMLエディタ」のサイトマップは、図4-1右のような「・」で始まる箇条書きのデザインになっています。「HTMLエディタ」でHTMLの表示を見ると、各項目は、**<a>**と**</a>**を外すと、図4-1左のように**<li>**～**</li>**で挟まれ、さらに全体が**<ul>**～**</ul>**で囲まれています。

図4-1 番号なしリストの記述と表示

html

```
<ul>
<li> 第１節の見出し </li>
<li> 第２節の見出し </li>
<li> 第３節の見出し </li>
</ul>
```

ブラウザ上の表示

- 第１章の見出し
- 第２章の見出し
- 第３章の見出し

箇条書きの先頭が「・」で始まるため、内容そのものには順序があっても、項目には順序をつけない場合は、図4-1のように**<ul>**～**</ul>**で囲みます。第3章第2節 4 で説明したサイトマップの作成は、この方法を利用しています。

2. 番号つきリスト（ol）

ol（Ordered List）は、「順序がある箇条書き」という意味です。

1. の**<ul>**の代わりに**<ol>**を使うと、番号つきのリストになります。

図4-2 番号つきリストの記述と表示

html

```
<ol>
<li>第1節の見出し</li>
<li>第2節の見出し</li>
<li>第3節の見出し</li>
</ol>
```

ブラウザ上の表示

1. 第1章の見出し
2. 第2章の見出し
3. 第3章の見出し

2 リストマーカーの変更 (list-style-type)

<ul>は「・」、**<ol>**は「1. 2. 3. 」のように自動的に数字が振られるのが初期値(※1)です。しかし、項目の先頭記号（リストマーカー）は、list-style-typeというプロパティを使うことで、マーカー記号や数字の種類を変えたり、数字ではなく「a. b. c.」というような文字に変えたりすることもできます。

（※1）**初期値**：ブラウザにあらかじめ設定されている初期値のこと。リセットCSSで値の変更をしていなければ、ul、olのlist-style-typeの値を設定しなくても、先頭記号が表示される。リセットCSSについては、第4章第3節 2 参照。

表4-1 代表的なlist-style-type（ul、ol、liすべてに共通）

種類	表示	種類	表示
disc	●（初期値）	decimal	1. 2. 3.（初期値）
circle	○	upper-roman	Ⅰ. Ⅱ. Ⅲ.
square	■	lower-alpha	a. b. c.

たとえば、図4-2のHTMLに**style**を使って、**ul{list-style-type:square}**を加えると、図4-3のように先頭記号が■の箇条書きに変わります。

図4-3 リストマーカーの変更

html

```
<ul style="list-style-type:square">
<li>第1節の見出し</li>
<li>第2節の見出し</li>
<li>第3節の見出し</li>
</ul>
```

ブラウザ上の表示

- ■ 第1章の見出し
- ■ 第2章の見出し
- ■ 第3章の見出し

なお、**list-style-type:none**と指定すると、マーカーを非表示にすることもできます。

先頭記号に色をつけたり、マーカーを画像にしたり、記号（画像）の位置を変更したりするなども、CSSで実現できます。CSSの指定方法を調べて、工夫してみるとよいでしょう。

4-2 ナビゲーションメニューのカスタマイズ方法を知っておこう

「HTMLエディタ」のテンプレートでは、ナビゲーションメニューは【ヘッダー部】に次のように記述されています。

html

```
<div class="mainmenu">
<a href="page1.html"> 第1章の表題 </a>|
<a href="page2.html"> 第2章の表題 </a>|
<a href="page3.html"> 第3章の表題 </a>|
</div>
```

ブラウザで見ると…

第1章の表題 | 第2章の表題 | 第3章の表題 |

文字列の上しかクリックできない

上記は単純で理解しやすい記述ですが、この方法では、文字列上をクリックしないとページへ移動できません。また、横幅は文字列の長さに準じるため、クリックできる幅を均等にしたり、色や線などの表現を工夫したりするには限界があります。そこで、CSSを変更するだけで多様な表示に変更できるナビゲーションメニューに書き替えてみましょう。

まず、HTMLのほうでは、縦棒にあたる「|」や空白を消し、番号なしリスト（ul）を使って、次のようなリスト形式に修正します。

※<a>タグの表示形式の初期設定は、幅や高さの指定ができないinline（インライン）形式（インライン）になっています。inline形式に対して、幅や高さの指定ができるblock（ブロック）形式（ブロックレベル）があります（P.24「コラム：HTMLの書き方の決まりと名称」および第1章第4節2参照）。

html

```
<div class="mainmenu">
<ul>
<li><a href="page1.html"> 第1章の表題 </a></li>
<li><a href="page2.html"> 第2章の表題 </a></li>
<li><a href="page3.html"> 第3章の表題 </a></li>
</ul>
</div>
```

次に、CSSのカスタマイズです。CSSでmainmenuクラス内のタグに対して、次のように記述します。

①displayプロパティを使って、<ul>タグの子要素<li>を「横並び」に設定する。
②<li>を、枠線や色をつけられるよう「ブロック形式」に指定する。
③<li>タグのブロックに対して、枠線をつけたり、色を変えたりしてカスタマイズする。

1. displayプロパティを使い「横並び」に設定

子要素を「横並び」に設定するプロパティとして**display:flex**[※1]という便利なものがあります。**flex**に用意されたプロパティの値を変更すると、リスト形式の項目を縦に並べたり、均等に表示したりと、さまざまな表現ができます。たとえば、横並びは、**flex-flow:row**です。記述は、**<ul>**タグのプロパティに対して行います。ただし、すべての**<ul>**タグに対してではなく、CSSで**mainmenu**クラスの中の **<ul>**タグだけに適用させたいため、次のように書きます。また、番号などは不要のため、**list-style-type:none**としておきましょう。

(※1) flex(Flexible Box Layout Module):CSSの新しいモジュールの一つで、Flexbox(フレックス)レイアウトモデルに基づいて子要素のレイアウトを柔軟に定義する。最新のブラウザでは、ほとんどが利用可能であり、さまざまな記述例がWebページで公開されている。

CSS

```
.mainmenu ul { display:flex; flex-flow:row;
   list-style-type:none; }
```

2. <li>を「ブロック形式」に指定

ブロック形式化は**display:block**です。このとき、すべての**<li>** タグ をブロック形式にするのではなく、CSSで**mainmenu**クラスの中の**<li>**タグだけに適用させたいため、次のように書きます。

CSS

```
.mainmenu li { display:block;    ........
```

3. <li>タグのブロックのカスタマイズ

ブロック形式化できたタグは、本節までに学習してきた**margin**、**padding**、**border**、**background-color**、**color**などを記述して、思いどおりの枠にデザインできます。たとえば、次のとおりです。

CSS

```
.mainmenu li  { display:block;
     margin-left:4px; padding:6px;
     border:solid 1px grey;
     background-color:lightyellow; }
```

結果は、次のようになります。

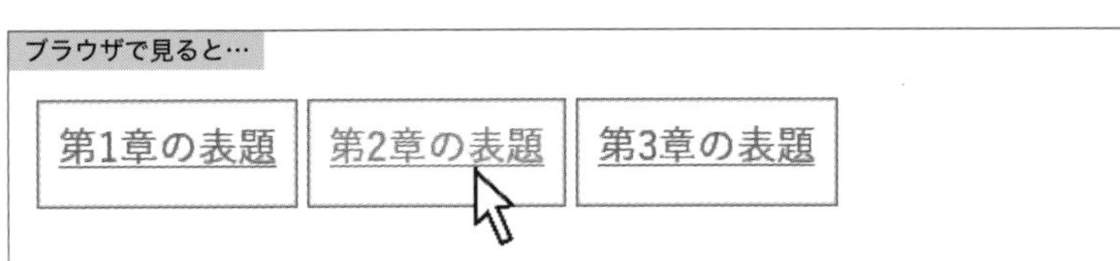

このままでもいいのですが、まだ「文字列上をクリックしないとページへ移動できない」ままです。この問題を解決するためには、**<a>**タグにもCSSを加え、ブロック化（**display:block**）しておく必要があります。また、ブロック化は、後で**<li>**タグではなく、**<a>**タグに背景色をつけたりするときにも便利です。あわせて、下線の表示を消去（**text-decoration:none**）しておきましょう。**<a>**タグの文字の色は、デフォルトCSSで（**color:steelblue**）と記述されていますが、背景とのバランスを考え、黒（**black**）にしておきます。

CSS

```
.mainmenu a  {display:block;
    text-decoration:none;
    color:black;}
```

さらに、リンクボタンの上にカーソルが来たときに、文字の色を緑色に変更するようにしてみましょう。次のように記述します。

CSS

```
.mainmenu a:hover { color:green;}
```

結果は、次のようになります。

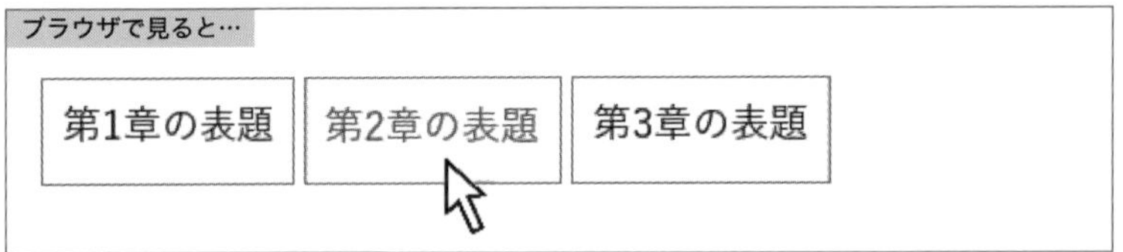

すべての変更をまとめたCSSは、図4-4のようになります。

図4-4 display:flex を使ったCSSのサンプル

CSS

```
.mainmenu ul { display:flex; flex-flow:row;
    list-style-type:none;}

.mainmenu li { display:block;
    margin-left:4px;padding:6px;
    border:solid 1px grey;
    background-color:lightyellow;}

.mainmenu a { display:block;
    text-decoration:none;
    color:black;}
.mainmenu a:hover { color:green; }
```

ずいぶん、すっきりとわかりやすいボタンになったと思います。

ナビゲーションメニューは各ページに利用者を誘導する重要な働きをします。例を参考に、CSSをいろいろ書き換え、デザインや見出しを工夫して見やすくきれいなメニューに仕上げてください。

【発展】

カーソルを近づけたとき、文字だけでなく、背景の色も変えると、もっとわかりやすいナビゲーションメニューになります。

インターネットに公開されているWebページの多くにその手法が使われてます。たとえば、カーキ色（khaki）に変更する場合は、次のとおりです。

```
.mainmenu a:hover {  color:green; }

            ↓

.mainmenu a:hover { color:green;
                    background-color:khaki; }
```

ただし、このままでは思ったように表示されません。なぜなら、もともとの背景色（lightyellow）は、<a>タグではなく、<li>タグに記述していたからです。そこで、背景色（background-color）と文字に対するpaddingの2つの記述を<a>タグに移動します。見かけは同じですが、今度は枠全体の背景色が変わります。

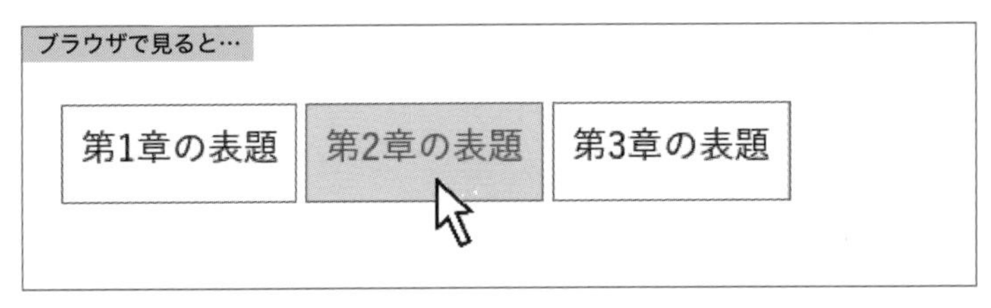

4-3 CSSの指定とCSSの有効性を知っておこう

1 CSSの指定方法

CSSの指定方法は、次の3つがあります。

①外部CSSファイル（例：「HTMLエディタ」のlocal.css）をリンク指定する方法

②HTMLファイルの<head>タグ内に<style>～</style>で囲んで指定する方法（例：「HTMLエディタ」の【スタイル部】）

③HTMLファイルのタグに直接CSSを指定する方法（例：「HTMLエディタ」のpage*.htmlの<body>以下）

上記①よりも②、②よりも③がより優先して適用されます。

図4-5 CSSの指定方法

①外部CSSファイルをリンク指定

「HTMLエディタ」では local.css

すべてのファイルに共通して適用

```
@charset "UTF-8";

body{ ・・・・・}
p{ ・・・・・}
h1{・・・・・}
h2{・・・・・}
・
・
・
```

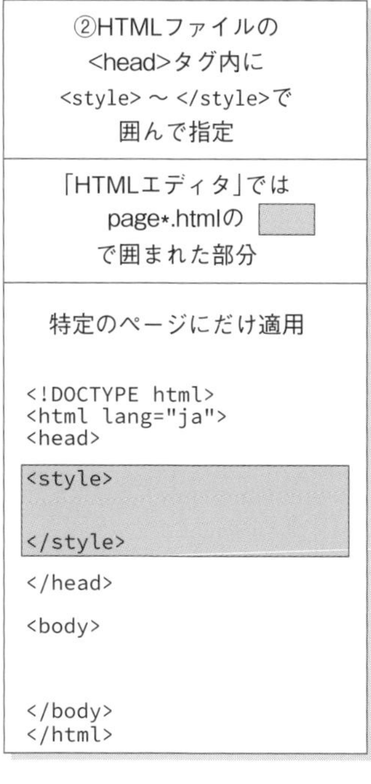

③タグにstyle=""で直接CSSを指定
「HTMLエディタ」では page*.htmlの<body>以下のタグに直接記述
特定の場所にだけ適用
<!DOCTYPE html>
<html lang="ja">
<head>
<style>
</style>
</head>
<body>
<p style="○○○"> ～～ </p>
</body>
</html>

たとえば、local.cssで p{font-size:15px color:black}と指定した場合、page1.htmlの<style>と</style>タグ内で p{font-size:16px}と指定すると、page1.htmlの<p>タグの文字の大きさだけが16px（ピクセル）になります。さらに、特定の<p>タグで

囲まれた文字列だけ<p style="font-size:20px">で囲むと、そこだけが20pxになります。また、同じファイル内でセレクタ（第2章第1節 5 参照）が重複した場合や、セレクタ内でプロパティを二重に指定している場合、後ろに書かれたほうが優先されると覚えておくよいでしょう。※

※どのページにも使うCSSは外部においておくと、1か所直せばすべてに反映されます。

2 演習で利用したデフォルトCSS

Web作品完成後にダウンロードしたフォルダ「css」の中の「local.css」というファイルは、「HTMLエディタ」での表示が崩れないようにコントロールしていた共通のCSSです。※

ダウンロードした作品を改良するにあたり、新しいセレクタやプロパティを追加する際には、local.cssの値も参考にするとよいでしょう。

※全ページの<style>～</style>に挟まれた記述をすべて移動（削除）すると、デフォルトCSSの設定が適用されます。

表4-2 「HTMLエディタ」のデフォルトCSS

※赤色はlocal.cssで設定されているCSS

CSSの記述	意味
@charset "UTF-8";	CSSファイルの中で日本語コメントの文字化けを防ぐために文字コードを指定する。
/* リセットCSS*/ html,body,header,div,h1,h2,h3,h4,figure,figcaption { margin: 0; padding: 0; border: none; outline: none; } header,figure,footer { display: block; }	リセットCSSとは、ブラウザごとに持っている初期スタイルを統一し、作成するWebページをどのブラウザでも同じ表示になるように設定を初期化するCSS。@charsetとともに、local.cssの冒頭に書いておくようにする。
body { font-family: "Helvetica Neue",Arial, "Hiragino Kaku Gothic ProN", "Hiragino Sans",Meiryo,sans-serif; max-width: 870px; margin: 0px 30px 0px 30px; font-size: 16px; background-color: white; }	ページ全体の文字の種類とサイズ、表示画面の横幅と余白、背景色を指定している（文字の種類やサイズについては、第1章第3節 3 参照）。 文字のサイズは特定のタグやclassで指定していなければ、すべてここで書かれたサイズが適用される。
p { font-size: 16px;line-height: 130%; }	各節の文字のサイズと行間を指定している。行間は16pxの場合は130～150%程度が適当。
h1 { margin: 0px 0px 2px 0px; font-size:28px; color:black; } h2 { margin:30px 0px 0px 5px; border-left: solid 5px green; padding: 3px 3px 0px 10px; font-size: 20px; color:green; }	ページ内の<style>～</style>でh1～h4の定義を消した場合は、ここでの指定が適用される。

CSSの記述	意味
h3 { margin:15px 0px 15px 0px; border: solid 1px dimgray; padding: 5px 0px 5px 10px; font-size: 18px; background-color: white; color dimgray; }	ページ内の<style>～</style>でh1～h4の定義を消した場合は、ここでの指定が適用される。
h4 { margin:10px 0px 5px 5px; border-left: solid 5px orange; padding: 3px 3px 0px 10px; font-size: 16px; color:orange; }	
a { color:steelblue; }	リンク文字の色を指定している。
a:hover { color:tomato; }	リンク文字の上にマウスが乗ったときの文字色を指定している。
figure { margin: 6px; }	<figure>～</figure>で囲んだ画像の外側余白を指定している。
figcaption { font-size: 14px; }	キャプションの文字のサイズを指定している。
.header { border-bottom: 1px solid silver; padding: 5px 0px 5px 0px; }	【ヘッダー部】エリアの指定。
.maintitle { width: 870px; }	作品タイトル・画像を表示するエリア（bodyの設定に合わせている）。
.mainmenu { padding: 5px; }	ナビゲーションのエリアで余白設定をしている。
.contents { width: 870px; }	Webページ横幅を870pxとしている（bodyの設定に合わせている）。
.column { margin-top: 10px; margin-bottom: 5px; clear: both; display: block; }	「HTMLエディタ」での各節の入力エリアをコントロールするための設定。
.imgLeft { float: left; padding-right:10px; padding-bottom: 15px; }	画像をテキストの右または左に配置するための指定。削除・変更はしないこと（第1章第2節 2 参照）。
.imgRight { float: right; padding-left: 10px; padding-bottom: 15px; }	
.footer { border-top: 1px solid silver; padding: 5px 0px 5px 0px; }	コピーライトの記述のあるエリアに対し、銀色の線や余白を指定している。
table { border-collapse: collapse; margin: 5px; }	table機能を利用した場合の初期設定の記述。銀色の線で枠が引かれるようになっている。
table th { border: 1px solid silver; padding: 10px 10px; }	
table td { border: 1px solid silver; padding: 3px 10px; }	
ul,ol { text-indent: 15px; margin-left: 10px; padding: 0px 8px 8px 10px; }	リストタグの余白・（左からの）位置・行間の設定。自分のWebページに合わせて調整するとよい。
ul li,ol li { margin-left: 10px; line-height: 130%; }	

3 クラスとclass名のつけ方

P.53 図2-4 は、Webページ全体の背景色を白に指定した記述でした。図4-6 として再掲します。

図4-6 CSSの書き方

どこの	何を	どのようにする
body {	background-color :	white ;}
セレクタ	プロパティ名	値

スタイルの記述の方法は、図4-6 のように示してきました。表4-2 を見ると、**body**、**p**、**h1**～**h4**、**a**などは、タグ要素のみをセレクタとして記述されています。これに対し、タグ要素に関わらず、いくつかのボックスやタグだけにスタイルを適用させたい場合には、セレクタの記述が異なります。たとえば、**<div>**を使ったボックス部分を特別なデザインで囲んで飾ったり、注意を引くために一部の文に赤で背景色をつけたりしたい場合などです。このような場合は、CSSでは、**.**（ドット）**<class名>**でクラスとして指定し、HTMLでは**class="class名"**として引用します。

演習で利用したデフォルトCSSでは、表4-3 のようなclass名のクラスを指定し、**<div>**を使ったボックスの記述に利用しています。

表4-3 デフォルトCSSで利用しているlocal.cssのclass名の例

使う場所	local.cssのclass名
ヘッダー部	header
コンテンツ部	contents
コラム部	column
フッター部	footer
ページのタイトル部分	maintitle
ナビゲーションメニュー部分	mainmenu

たとえば、テンプレートの【フッター部】のHTMLは**<div class="footer">** ～**</footer>**で書かれているため、【フッター部】のデザインを変えたい場合は、このCSSの **.footer {…}** の … の部分を変更すればいいのです。※

※たとえば、.page1 {background-color:ivory;} #page1 {background-color:ivory}と書けば、class="page1"やid="page1"と設定されたタグであれば、共通して背景色がアイボリーになります。

さらに、図4-4の.mainmenu a { … } のように、セレクタの最後にタグ名<a>を加えて書くと、class＝"mainmenu"で指定されたタグの範囲内（子要素や子孫要素）にある<a>タグだけにスタイルが適用されるようになります。class名にタグ名や：(コロン）や＋（プラス）などの記号を加えることで、CSSの適用範囲を細かく限定することもできます。必要になったときに調べてください。

一方、タグ要素に関わらず適用できるclass名としては、次のような例があります。このようにすることで、注意喚起のためのメッセージに統一感を持たせることができます。

```
.dangerRed { background-color:red; color:white; }
```

利用例

```
<p class="dangerRed"> ここは危険なので注意しましょう </p>
<div class="dangerRed">注意</div>
<h4 class="dangerRed"> 非常時の注意</h4>
```

class名の使い方については、高度で多様であるため、本書ではこれ以上は深入りしません。興味のある人は、さらに他の書籍などで勉強を進めてください。

なお、class名は、次のルールを守れば自由につけられます。

・使える文字は半角英数字、「-（ハイフン）」、「_（アンダースコア）」のみ。
・英文字から始める（数字は先頭文字に使えない）。
・大文字と小文字を区別する。

自由な名前でよいのですが、たとえば、abcなど意味のない文字列にすると、たくさんあるCSSの記述を見たときに、何のスタイルを決めたものかがわからなくなります。特にチームで作成する場合は、誰もが意味を推測しやすい名前、具体的には、使う場所やコンテンツの種類に応じてつけると、あとから編集もしやすくなります。共同作業では大切なことです。

4-4 Webページ作成を支援するツールを知っておこう

「HTMLエディタ」上の作品を自分のパソコンにダウンロードし、さらに編集をしてWeb作品として完成度を高めていくための便利なツールやリンク集を紹介しておきます。

1 ブラウザの検証ツール

最近の主要なブラウザには検証ツールが備わっていて、ブラウザで表示しているページのHTMLやCSSを確認したり、少しだけ変更を加えてみたときのテスト確認ができたりするようになっています。また、ブラウザにあらかじめ設定されているCSSの初期値も確認できます。さらに、画面サイズに応じた表示シミュレーション機能もあるため、大変便利です。

たとえばグーグル・クロム（Google Chrome）の「デベロッパーツール」を開くと、ページが分割され、HTMLのコード、CSSのコード、レイアウト（要素の余白状態）などがひと目でわかるようになっています。ページ分割の表示スタイルは、ページの右側、左側、下側、別ページといったように、利用者の好みで変更もできます。

それぞれのブラウザで検証ツールの呼び名（※1）が少しずつ異なりますが、「デベロッパーツール」「開発者ツール」などで検索して調べてみるとよいでしょう。また、他の人のWebサイトのコードもチェックできるため、勉強にもなります。

（※1）検証ツールの呼び名：
- Google Chrome「デベロッパーツール」
- Edge「開発者ツール」
- FireFox「開発ツール」
- Safari「Webインスペクター」環境設定で「開発」をメニュー追加して使用する。

図4-7 デベロッパーツールの表示例

をクリックして、ページ上の見たい部分をクリックすると、その部分のコードが右側にハイライトされて表示されます。コード内をクリックすれば、対応するページ上の要素部分がハイライトされます。

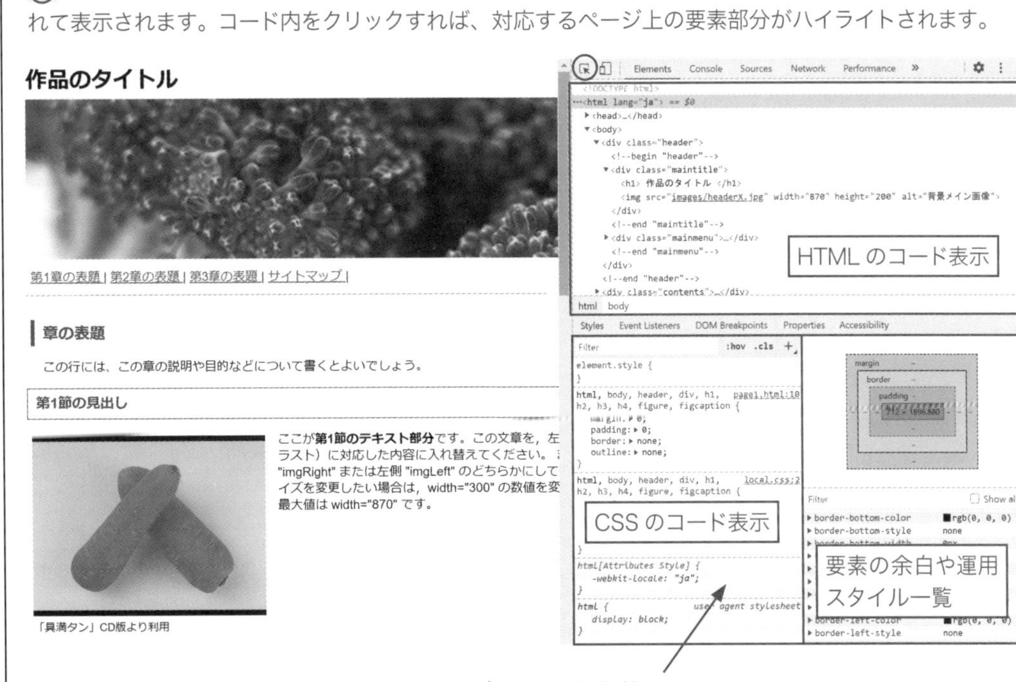

背景がグレーで表示されている部分がブラウザの初期値です。
「user agent stylesheet（ユーザーエージェントのスタイルシート）」と記述もあります。

2 Web作成のための便利なリンク集

インターネット上には、Webページ作成のための便利なサイトが数多くあります。しかし、初めはどのサイトを見てよいのか、どこにどのような情報があるのか、すぐに見つけられないこともあるでしょう。そこで、一般的に広く利用されているサイトを次のページにまとめています。参考にしてみてください。

P.104「リファレンス」参照

●全国中学高校Webコンテスト

参考1》 リファレンス一覧

1 本書で案内しているもの

・「HTMLエディタ」利用申請［本文P.18］
https://jnk4.info/japias/editor.html
・Web色見本 原色大辞典［本文P.34］
https://www.colordic.org/
・Style Sheet Helper（CSSプロパティの解説と確認）［本文P.42］
https://jnk4.info/self_Manuals/StyleSheet-Helper/
・Web Content Accessibility Guidelines（WCAG）2.1［本文P.72］
https://waic.jp/docs/WCAG21/
・JIS X 8341-3：2016 解説［本文P.72］
https://waic.jp/docs/jis2016/understanding/201604/
・全国中学高校Web コンテスト［文P.103］
http://webcon.japias.jp/

2 著作権について困ったとき、学びたいとき

・青少年向けの著作権関連ウェブサイト（公益社団法人著作権情報センター）
http://kids.cric.or.jp/link.html#seishounen
・ネット社会の歩き方（一般社団法人日本教育情報化振興会）
http://www2.japet.or.jp/net-walk/index.html
・クリエイティブ・コモンズ・ジャパン（特定非営利活動法人コモンスフィア）
https://creativecommons.jp/

3 HTML・CSSについて調べたいとき、学びたいとき

・HTML：HyperText Markup Language（MDN web docs moz://a）
※Web開発のすべてが学べる
https://developer.mozilla.org/ja/docs/Web/HTML
・HTMLタグリファレンス（ABC順）（HTMLクイックリファレンス）
※HTML、CSSの早見表
http://www.htmq.com/html/
・Can I use ... (Can I use)
※HTML、CSSのブラウザの対応状況を確認できる
https://caniuse.com/
・The W3C Markup Validation Service（The World Wide Wab Consortium）

※HTMLやCSSの検証ツール
https://validator.w3.org/

・Webデザインギャラリー・クリップ集（Web Design Clip）
※Webデザインのクリップ集
https://www.webdesignclip.com/

・Google fonts
※Googleが無料で提供するWebフォント集
https://fonts.google.com/

4 インターネット全般について調べたいとき、学びたいとき

・インターネット歴史年表（一般社団法人日本ネットワークインフォメーションセンター）
https://www.nic.ad.jp/timeline/

・ドメイン名・DNSを楽しく学ぶ（日本レジストリサービス）
https://jprs.jp/related-info/study/

・情報通信白書 for Kids（総務省）※小学生向け
https://www.soumu.go.jp/hakusho-kids/

・NHK高校講座「社会と情報」（日本放送協会）
http://www.nhk.or.jp/kokokoza/tv/syakaijouhou/

5 無料の素材を使いたいとき

無料素材にも著作権があり、提供サイトごとに利用規約があります。規約に従って利用するよう注意してください。

・かわいいフリー素材集　いらすとや
https://www.irasutoya.com/

・かわいいイラストが無料のイラストレイン
https://illustrain.com/

・デジタル画像素材検索システム（特定非営利活動法人情報ネットワーク教育活用研究協議会）
https://jnk4.info/www/digi-gazou/

・情報機器と情報社会のしくみ素材集（特定非営利活動法人情報ネットワーク教育活用研究協議会）
https://jnk4.info/DBxx/jyouhou-kikiDB/

●URL情報は、初版時点のもので、変更されることがあり得ます。

●次のサイトに、本「リファレンス一覧」の内容をWebにしたものがあります。新しい情報や、追加変更は、Webページで行われます。
https://jnk4.info/japias/reference.html

参 考 2 »
「チーム学習のためのHTMLエディタ」のテンプレートのHTML

```
<!DOCTYPE html>
<html lang="ja">
<head>
<meta http-equiv="content-type" content="text/html; charset=UTF-8"
>
<link href="css/local.css" rel="stylesheet" type="text/css"
media="all">
<title> 作品のタイトル </title>
<style>
 body { background-color:white; }
 p    { line-height:130%; font-size:16px;}

 h1 { margin: 0px 0px 2px 0px; font-size:28px;color:black; }
 h2 { margin:30px 0px 0px 5px; border-left:solid 5px green;
      padding:3px 3px 0px 10px; font-size:20px;color:green; }
 h3 { margin:15px 0px 15px 0px; border:solid 1px dimgray;
      padding:5px 0px 5px 10px; font-size:18px;background-
      color:white;color:dimgray; }
 h4 { margin:10px 0px  5px 5px; border-left:solid 5px
      orange;padding:3px 3px 0px 10px; font-
      size:16px;color:orange; }

 a      { color:steelblue; }
 a:hover { color:tomato; }
 figcaption { font-size:14px; }
</style>
</head>
<body>

<div class="header"><!--begin "header"-->
 <div class="maintitle">
  <h1> 作品のタイトル </h1>
  <img src="images/headerX.jpg" width="870"  height="200" alt="
  背景メイン画像" >
 </div><!--end "maintitle"-->

 <div class="mainmenu"><!--begin " mainmenu "-->

  <a href="page1.html"> 第1章の表題 </a>|
  <a href="page2.html"> 第2章の表題 </a>|
  <a href="page3.html"> 第3章の表題 </a>|

 </div><!--end "mainmenu"-->
</div><!--end "header"-->
```

```
<div class="contents"><!--begin "contents"-->
<h2> 章の表題 </h2><!--中見出し-->

<!-- 章の導入文（改行は <br>）-->
<p style="text-indent:20px">

この行には、この章の説明や目的などについて書くとよいでしょう。

</p>

<div class="column"><!--begin "column1"-->
<h3> 第1節の見出し </h3><!--小見出し-->

<!-- 写真の位置とサイズ（キャプション）-->
<figure class="imgLeft"><img src="images/pageX-1.jpg"
width="300" alt=" 画像説明 " >
<figcaption>「具満タン」CD版より利用</figcaption></figure>

<!-- 本文（改行は <br>）-->
<p>
ここが<b>第1節のテキスト部分</b>です。この文章を，左側の写真（または図・イ
ラスト）に対応した内容に入れ替えてください。
また写真の位置は，右側 "imgRight" または左側 "imgLeft" のどちらかにして
ください。
写真の表示サイズを変更したい場合は，width="300" の数値を変更してください。
ただし最大値は width="870" です。
</p>
</div><!--end "column1"-->

<div class="column"><!--begin "column2"-->
<h3> 第2節の見出し </h3><!--小見出し-->

<!--（写真の位置とサイズ）-->
<figure class="imgLeft"><img src="images/pageX-2.jpg" width="300"
alt=" 画像説明 " >
<figcaption>「具満タン」CD版より利用</figcaption>
</figure>

<!-- 本文（改行は <br>）-->
<p>
ここが<b>第2節のテキスト部分</b>です。この文章を，左側の写真（または図・イラ
スト）に対応した内容に入れ替えてください。
また写真の位置は，右側 "imgRight" または左側 "imgLeft" のどちらかにしてく
ださい。
写真の表示サイズを変更したい場合は，width="300" の数値を変更してください。た
だし最大値は width="870" です。
</p>
</div><!--end "column2"-->
```

```
<div class="column"><!--begin "column3"-->
  <h3> 第3節の見出し </h3><!--小見出し-->

  <!--（写真の位置とサイズ）-->
  <figure class="imgRight"><img src="images/pageX-3.jpg"
  width="300" alt=" 画像説明 " >
  <figcaption>「具満タン」CD版より利用</figcaption></figure>

  <!-- 本文（改行は ＜br＞）-->
  <p>
  ここが<b>第3節のテキスト部分</b>です。この文章を，右側の写真（または図・イ
  ラスト）に対応した内容に入れ替えてください。
  また写真の位置は，右側 "imgRight" または左側 "imgLeft" のどちらかにして
  ください。
  写真の表示サイズを変更したい場合は，width="300" の数値を変更してください。
  ただし最大値は width="870" です。
  </p>
</div><!--end "column3"-->

<div class="column"><!--begin "column4"-->
  <h3> 第4節の見出し </h3><!--小見出し-->

  <!-- 本文（改行は ＜br＞）-->
  <p>
  ここには，テキストを入れてください。写真を表示させない場合の例です。
  写真を表示させたい場合は，第1節または第2節のソースをコピーして入れてください。
  </p>
</div><!--end "column4"-->

<div class="column"><!--begin "column5"-->
  <h3> 第5節の見出し </h3><!--小見出し-->

  <!-- 本文（改行は ＜br＞）-->
  <p>
  第1節～第4節は，写真有り無し，写真左右の例ででした。このテンプレートの本文の
  変更，写真の変更，サイズなどの変更を行うことで，オリジナルな皆さんのページを
  構成できます。
  </p>
</div><!--end "column5"-->

</div><!--end "contents"-->

<div class="footer"><!--begin "footer"-->
  <p>(c)2020 JNK4 & JAPIAS</p>
</div><!--end "footer"-->
</body>
</html>
```

付　録
Webコンテストにチャレンジしよう

本書の演習で使用した「HTMLエディタ」のテンプレートは、変更のしやすさ、見やすさ、協調学習のしやすさの観点から機能的にデザインされています。このため、「HTMLエディタ」のテンプレートを利用すると、初めての人でも、かなり体裁のよいWebページが短時間で作成できるようになります。テンプレートを利用してよい作品を創作し、Webコンテストに提出してみましょう。

1.「全国中学高校Webコンテスト」とは

●全国中学高校Webコンテスト「公式サイト」

http://webcon.japias.jp/

「全国中学高校Webコンテスト」は、生徒が3～5人で1つのチームを組み、自分たちの興味のあるテーマでWeb教材作品を作り、制作過程とできばえを競う、歴史と伝統のある全国レベルのコンテストです。

1995年、米国でスタートしたこのコンテストは、ThinkQuest（シンククエスト）という名称で国際的な教育プログラムとして全世界に広がり、日本では1998年に始まり現在まで続いています。

Web作品の内容は、「Web教材」または「問題解決」の2つの区分があり、優秀な作品はファイナリストとして発表され、全国中学高校Webコンテストのサイト上の教材ライブラリーに公開されます。特に優秀な作品には、文部科学大臣賞、総務大臣賞、経済産業大臣賞、特別賞が授与されます。

2. 活動スケジュール

Webコンテストは、通常5月の末から7月の下旬までチームの登録受付を行っています。登録には、3〜5人の生徒とコーチが1人でチームとなり、また、作品のタイトルと概要が必要になります。7月下旬の夏休み前までにチームを編成し、どのようなテーマで作品を作るのかを決定するとよいでしょう。

チーム編成やテーマ決定が早く行えれば、計画的に作品制作を進めることができます。全国中学高校Webコンテストのスケジュールのページでは、どの時期にどのような活動をすればよいのかが記載されていますので、確認するようにしてください。

年間スケジュールの概要は、次のとおりです。

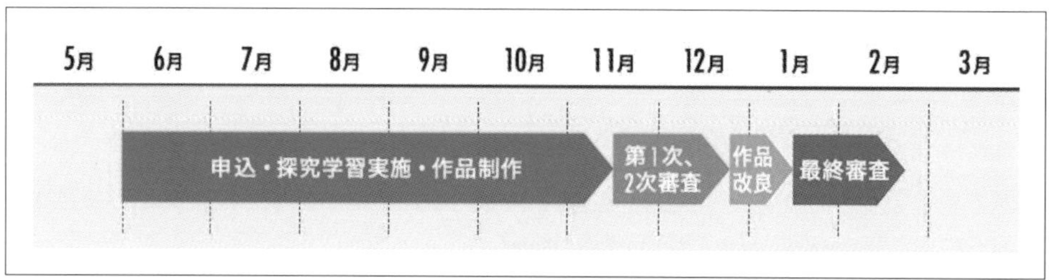

3. どのような作品が求められているのか

全国中学高校Webコンテストは「Webコンテスト」ではありますが、審査基準を見るとわかるように、Webの技術やデザインの新奇性などを競うものではありません。チームで協力して、1つのテーマ（課題）に沿って探究してきた過程と成果を、閲覧者が利用できるようにWebサイトとして発表し、内容とできばえを競うコンテストです。

【Webコンテストの審査基準】

・コンテンツ（問題意識・トピック、内容の適切性）
・文章記述と構成、表現の工夫・機能
・独創性
・コラボレーション
・影響・効果
・出典・引用の明記
・適切なメディア選択
・英語ページによる発信〈セミファイナリスト以上〉
・プレゼンテーション〈ファイナリスト以上〉

実際に受賞している作品を見てみましょう。Webページのレイアウトは比較的シンプルですが、イラストや写真・動画の取り入れ方、実験や取材・インタビューの内容など、掲載しているコンテンツは、自分たちで計画・調査・実施し、制作しています。この制作過程が探究学習そのものであり、一連の活動（内容）が評価されていると言えます。

次に、受賞作品の例を掲載します。

●全国中学高校Webコンテスト「Web教材ライブラリー検索」

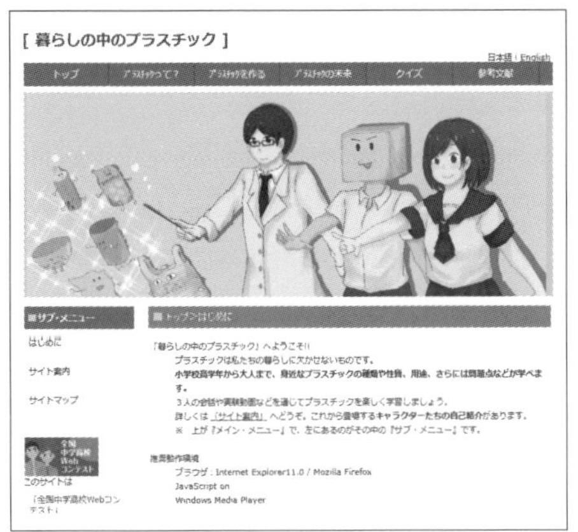

http://webcon.japias.jp/page-lib-search.html

探究学習の成果の発表は、レポートやポスターなど、必ずしもWebページ作成のような手段を使わなくても可能です。しかし、課題に対して情報を収集する、情報をグループで共有する、結果をまとめてアウトプットすることが前提となっている現代社会においては、インターネットの利用やアプリケーションの利用は、絶対的に必要です。また、情報に対する発信者の責任や、ネットワークの知識、著作権の知識など、インターネット上に公開するからこそ得られることもあるのです。

コンテストで入賞するレベルの作品は、デザインにも内容にも十分の時間と検討を重ねたものばかりです。しかし、「HTMLエディタ」のテンプレートを加工するだけでも、入賞できるレベルの作品にまで完成度を高めることは可能です。肝心なのは、評価の対象は、作品の内容（何を調べ、どのようにわかりやすくし、まとめたのか）であることです。ぜひWebコンテストにもチャレンジしてください。

4. 作品テーマの例

近年の入賞作品からいくつかの例を挙げます。課題・作品のテーマの選び方の参考にしてください。

●中学生の部

タイトル	内　容
発酵半端ないって!!	「発酵」について深く調査した作品
未来インバウンド	海外からの外国人観光客に注目して調査した作品
動物の叫びが聞こえますか？	動物虐待について取り上げ考えた作品
FlowerPotion	花の延命について仮説・実験・結果をまとめた作品
シゴトとニホンジン～真の働き方改革とは～	日本人の働き方について取り上げ考えた作品
どうする！　侵略的外来種	外来種の問題を取り上げ考えた作品
かめちゃんの和菓子	日本の伝統的な和菓子について調査した作品
Sleepia	睡眠について調査した作品
LGBT～個性を尊重しあえる社会～	LGBT※について調査し考えた作品 ※Lesbian（女性同性愛者）、Gay（男性同性愛者）、Bisexual（両性愛者）、Transgender（性別越境者）の頭文字をとった単語
エコ活！　宮古島	研修旅行で訪れた宮古島のエコ活動について紹介した作品
おとは～周波と生活の関係性～	音と人体の関係について調査し考えた作品
食品添加物と生きる未来	食品添加物について調査した作品
中学生が税金について考えた。	消費税など身近な税金について調査した作品
Unityでゲームを“遊ぶ”人から“作る”人になろう！	Unity※を使ったゲームの作り方について解説した作品 ※ユニティ・テクノロジーズが開発しているゲームエンジン

●高校生の部

タイトル	内 容
私たちの避難所革命！	女性の視点から理想の避難所について提案した作品
高校生労働白書	労働問題を調査し考えた作品
まって、それってムダじゃない！?	フードロスについて調査し考えた作品
まいぷら	海洋プラスチック問題について調査し考えた作品
空き家、すんでない。	地方の空き家問題について調査し考えた作品
ミツバチ～小さな体に大きな力～	ミツバチの不思議な生態について調査した作品
Graynet	インターネットの起源から今後のトレンドまで調査し紹介した作品
絵本を学ぼ！	絵本をテーマに歴史や制作方法など幅広く調査した作品
リスクマン～農薬は悪者か～	農薬のリスクマネジメントについて取り上げ調査した作品
スマートシティと未来都市	未来都市への取り組みについて調査し紹介した作品
熱中症から考える○○	熱中症の原因や対策について調査した作品
AquaLuck～ミライを水からみてみよう～	水問題について調査し考えた作品
地方交通の危機	交通難民という問題をテーマに実地調査をもとに考えた作品
FOODLOSS×高校生＝未来	フードロスについて調査し考えた作品
自転車のススメ	自転車をめぐる課題や利用促進について調査し考えた作品
ゲノム編集と“いのち”デザイン	ゲノム編集※についての議論をまとめ考えた作品 ※DNA切断酵素を用いて、ゲノム上の特定の場所を切断することにより突然変異を誘発する技術
ふくしまから考える未来	福島第一原子力発電所の事故をもとに原発や防災について考えた作品
Animal Essential	殺処分について取り上げ問題提起した作品
英語のミステリー×ヒストリー	マンガを使い英語の語源について楽しく紹介した作品
知ってる～？　地層処分	原子力発電所の廃棄物の処理について取り上げ解説した作品

http://webcon.japias.jp/page-library.html

索　引

ア

カ

サ

タ

ナ

ハ

マ

ラ

アルファベット

記号

●編著者・著者紹介

【編著者】

永野 和男（ながの かずお）―基礎講座・第1章・第3章

聖心女子大学名誉教授、専門は教育工学、情報教育。
第6代日本教育工学会会長。1990年代より文部科学省における情報教育関連の多くの協力者会議委員を歴任し、現在も実施されている我が国の情報教育カリキュラムのグランドデザインを担当した。インターネットの教育利用の推進、教育支援システムの開発、NHK情報教育番組の企画など多方面な活動をしている。著書『これからの情報教育―発信する子どもたちを育てる』（高陵社書店）、共著『教育工学とはどんな学問か』（ミネルヴァ書房）等。現在、特定非営利活動法人学校インターネット教育推進協会理事長、特定非営利活動法人情報ネットワーク教育活用研究協議会会長。全国中学高校Webコンテストでは、最終審査委員長を20年務めた。

【著者】

望月 なを子（もちづき なをこ）―第2章・付録

特定非営利活動法人学校インターネット教育推進協会事務局。
小中学生向けエデュテイメントソフトのプロモーションを経験した後、2003年より現職。次世代人材育成プログラムの世界大会「ThinkQuest」のローカルコンテスト「ThinkQuest@JAPAN」（現・全国中学高校Webコンテスト）の運営をサポートしてきた。また、Webディレクターとして官公庁のKidsサイト制作やWeb教材開発に携わっている。

小川 布志香（おがわ ふしか）―第3章・第4章

特定非営利活動法人情報ネットワーク教育活用研究協議会事務局。
1996年、グローバルコモンズ株式会社入社、インターネットを使った教育プログラムの企画・運営に携わる。その後、特定非営利活動法人インターネット・ラーニングアカデミー、ヤフー株式会社を経て2016年より現職。教育情報化コーディネータ・ICT支援員のための検定試験の運営をサポート。また、一般社団法人セーファーインターネット協会（SIA）にて青少年のネットセーフティ教育啓発活動にも携わっている。

特定非営利活動法人 学校インターネット教育推進協会

学校におけるインターネットの活用を推進することにより、学校という枠組みだけでは実現が難しい学習・教育を、学校・政府・自治体・企業・市民の協力により実現し、我が国、そして世界の将来を担う人材育成に資することを目的として、2003年に設立された。全国中学高校Webコンテストの開催、中高生への学習カリキュラムの開発と実践などを中心として、学校におけるインターネットの活用促進活動を行っている。

全国中学高校Webコンテスト認定教科書
超初心者のためのWeb作成特別講座

2020年11月30日　初版第1刷発行

編著者――永野 和男
著　者――望月 なを子／小川 布志香／学校インターネット教育推進協会

発行者――張　士洛
発行所――日本能率協会マネジメントセンター
〒103-6009　東京都中央区日本橋2-7-1　東京日本橋タワー
TEL 03(6362)4339(編集)／03(6362)4558(販売)
FAX 03(3272)8128(編集)／03(3272)8127(販売)
http://www.jmam.co.jp/

装　　丁――後藤 紀彦（sevengram）
本文DTP――株式会社森の印刷屋
印刷所――シナノ書籍印刷株式会社
製本所――株式会社新寿堂

ISBN 978-4-8207-2850-4 C3055
落丁・乱丁はおとりかえします。
PRINTED IN JAPAN